지 성 자 연 사 박 물 관

③

박
쥐

글 · 손성원 사진 · 최병진

지성사

박
쥐

너는 본래 기는 즘생

무엇이 싫어서

땅과 낮을 피하야

음습한 폐가(廢家)의 지붕 밑에 숨어

파리한 환상과 괴몽(怪夢)에

몸을 야위고

날개를 길러

저 달빛 푸른 밤 몰래 나와서

호올로 서러운 춤을 추려느뇨

- 유치환의 '박쥐'

지성자연사박물관❸ **박쥐**

지은이 / 손성원
사 진 / 최병진
펴낸이 / 이원중
편 집 / 김선정 · 김지은 · 전병임
영 업 / 홍사국
펴낸일 / 2001년 1월 15일 초판 1쇄 펴냄
펴낸곳 / 지성사
　　　　출판등록일 1993년 12월 6일
　　　　등록번호 제10 – 916호
　　　　서울시 마포구 신수동 88 – 131호 (우)121 – 854
　　　　대표전화 716 – 4858 팩스 716 – 4859
　　　　E – mail / jisungsa@hanmail.net

책값은 표지 뒷면에 있습니다.
ⓒ 2001, 손성원
ISBN 89 – 7889 – 068 – 7 04490
　　　89 – 7889 – 059 – 8 (세트)
✽잘못된 책은 사신 곳에서 바꾸어드립니다.

"박쥐" 이야기를 시작하면서

어느 날 서가를 정리하다가 문득 "지사석일단(志士惜日短)"이라는 말이 생각났다. 시간이라는 것은 어쩌면 나이가 들수록 그 체감 속도 역시 빨라지는 것인지도 모르겠다. 타인에게는 무모하게까지 비춰졌던 박쥐를 향한 열정으로, 젊은 의욕이 그 촉매가 되어 연구에 나선 지 올해로 스물하고도 다섯 해. 솔직히 그간 스스로의 역정을 읽어볼 시간이 내겐 없었다. 이제, 황무지를 개간하는 심정으로 시작한 박쥐 연구를 어느덧 계피학발(鷄皮鶴髮)의 노년에 이르러 조심스럽게 정리해 볼 필요가 있겠다는 생각이 들었다.

돌아보면 힘겨웠지만 주마등처럼 눈앞을 지나가는 일련의 사건들이 내 기억의 길목마다 이정표처럼 자리잡고 있음을 발견한다. 군사 정권 시절 산 속을 헤매다 간첩으로 오인되기도 하고, 폐광의 붕괴로 인한 일발천균(一髮千鈞)의 위기에서 탈출하기도 했다. 음습한 갱 속에서 홀로 새운 많은 밤들과, 내 의지를 시험하던 그 추위들, 밧줄 한 가닥에 몸을 맡기고 까마득한 어둠 속으로 내려가던 순간들……. 오래된 필름처럼 군데군데 끊어지고 순서가 바뀐 부분 또한 없지는 않지만 내 연구 생활의 밑그림임에는 틀림없었다.

분류학상 박쥐는 포유강(綱) 박쥐목(目)으로 분류되고 전 세계에 약 950여 종이 분포하고 있다. 선사 시대인 수백만 년 전부터 인류보다 먼저 지구상에 존재해 왔지만 때로 인류에겐 흉조(凶兆)의 상징으로 푸대접 받아온 게 사실이다. 아마도 박쥐가 동굴과 같은 음습한 곳에 서식하며 그 형태가 새도 아니고 쥐도 아닌 특이한 모습을 띠고 있어서인 듯하다. 또 유럽의 고대사와 중세사에서 그 단서를 찾아볼 수 있듯이 박쥐는 뱀과 더불어 기독교에선 사탄을 상징하는 동물로 여겨져왔다는, 종교 혹은 인식상의 편견 때문이기도 하다.

그러나 박쥐는 오래 전부터 동아시아에서는 다른 대접을 받아왔다. 중국에서 박쥐는 상서로운 동물로 여겨져왔고 이로 인해 장롱, 문갑 등에 박쥐를 그린 문양을 넣어 건강, 부귀, 장수 등을 기원하였다. 우리 나라의 사정도 크게 다르지 않아 박쥐를 길조(吉兆)의 하나로 여겨왔고 여성들의 노리개나 자개장의 무늬에서 그 흔적을 어렵지 않게 찾아볼 수 있다. 그러나 현대에 이르러 박쥐를 두려워하고 터부시하는 것은 아마도 여과 없이 서양의 문물을 흡수한 데서 온 결과가 아닐까 추론할 수 있으며 일반인들이 박쥐에 대해 많은 부분을 이해하지 못한 데서 오는 오해의 소치라고 주장하고 싶다.

박쥐를 쥐와 유사하다고 여기기 쉽지만 사실은 두더지에 더 가깝다. 두더지 종류가 진화되어 나타난 박쥐는 눈이 아닌 귀에 감각을 의존하며, 날개가 아닌 팔로 비행을 하고, 뒷다리의 발가락을 이용해 거꾸로 매달려 생활한다. 박쥐의 얼굴 형태와 꼬리는 종류에 따라 가장 변이가 심한 부분이며, 겨울잠을 자는 동물인 관계로 특이한 번식 형태를 보인다. 또 곤충을 주식으로 하는 종류, 작은 동물을 먹는 종류, 과일 등을 주로 먹는 종류 등 식성 또한 다양하다.

박쥐는 일반적으로 사람들의 주목을 끌지 못하고 우리 생활과 동떨어진 동물로 여겨지기도 하는데, 실제로는 많은 부분에서 우리와 밀접한 관계를 맺고 있다. 해충 제거나 꽃가루받이 같은 상식적인 부분을 제외하더라도 의학, 축산 분야에서의 응용에 이르기까지, 박쥐는 첨단 생명과학의 발전상 중요한 매개체가 되고 있다.

인간은 고대부터 주변 환경과의 부단한 유기 작용을 통해 문명을 발전시켜 왔다. 그러나 그 과정 중에 인간의 이기적인 발상과 급속한 활동 범위 확대는 자연과의 심각한 충돌을 빚어내었다. 그러면서 인류의 생활과 발전에 밀접한 관계를 맺고 있는 박쥐도 공포와 금기의 대상으로 전락하고 그 생존이 위협받고 있는 것이 오늘의 현실이다.

자연의 한 구성원으로서 인류에게 많은 도움을 주는 박쥐를 깊이 이해하고 있는 봉모린각(鳳毛麟角)이라 할 만큼 찾기 어려운 것이 사실이고, 박쥐를 이해하고자 하는 사람들에게 쉽게 접근할 만한 서적이 없었던 것 또한 국내의 현실이었다. 이에 필자는 지난 오랜 시간의 연구 자료 중에서 박쥐의 형태와 구조, 생태, 생식 등의 전반적인 개념을 정리하여 박쥐에 대한 편견과 오해를 불식시키고 그 위상을 바로잡으려 한다.

지금은 저마다 다른 직장에서 후학 양성에 힘쓰고 있으면서도 박쥐 채집에 수고해 준 여러 분들에게 감사의 말을 전한다. 강용석(경남대학교 교육대학원 재직), 박충남(문성고등학교 교사), 배철민(창원기능대학 교수), 옥진호(한국내화(주) 상무), 이수일(경남가연학습원 교관), 이인규(창신고등학교 교사), 이화숙(의신여자중학교 교사), 정숙희(마산제일여자중학교 교사) 등이 그들이다. 또 표본 감정과 정리를 도와준 배영미, 신화정, 천현미, 원고 정리와 검토에 애쓴 이정훈 교수, 위험을 무릅쓰고 사진을 촬영해 준 최병진 박사에게 미처 표하지 못한 감사의 뜻을 전하며, 어려운 여건 속에서도 출판에 노고를 아끼지 않으신 지성사 식구들에게도 심심한 사의를 표한다. 무엇보다도 늘 옆에서 묵묵히 지켜봐준 아내에게 고마움을 전하고 싶다.

춘추 시대의 오자서(伍子胥)는 "일모도원(日暮途遠)"이란 말을 했다. 정말이지 해는 저무는데 갈 길은 멀다. 생물학의 연구는 농사와 같다고 생각한다. 내가 황무지를 개간하고 나름대로의 수확을 거두었으니, 이제 그 땅을 더욱 비옥하게 하여 더 많은 수확을 이루고 지켜나가야 할 것은 후학들의 몫이 되었다. 또한 내 연구 생활의 중요 부분인 이 책을 읽고 한 사람이라도 박쥐의 세계에 다가설 수 있다면 긴 세월의 연구가 결코 헛되지 않았다고 믿을 것이다.

2000년 12월

월영동 연구실에서

차례

차례

1

박쥐는 어떤 동물일까

"박쥐는 어떤 동물일까"

안주애기박쥐

1. 박쥐는 어떤 동물일까

박쥐 하면 우리는 가장 먼저 무엇을 떠올릴까? 아마도 십중
팔구는 이솝우화에서처럼 젖먹이 동물(포유류)과 새(조
류)의 중간에서 유리한 쪽으로만 붙는 간사한 동물을 떠올리거나
아니면 드라큘라 등의 공포 영화에 나오는 흡혈귀를 상상할 것이
다. 그러나 모든 박쥐가 동물이나 사람의 피를 빨아먹는 흡혈박쥐
는 결코 아니며 또한 낮에는 쥐로, 밤에는 새로서 이중 생활을 하
는 것은 더더욱 아니다.

이솝우화에 등장하는 박쥐는 자신이 젖먹이 동물이라고 주장한
다. 사실 그렇다. 박쥐는 날개를 가지고 날아다니지만, 알을 낳고
부화시켜 새끼를 키우는 새와는 달리 새끼를 낳아 젖을 먹여서 키
우는 동물이다. 그래서 박쥐의 가슴에는 젖꼭지가 있다.

박쥐의 가장 큰 특징
은 날아다닐 수 있다는
점이다. 물론 날아다니
는 물고기인 새치와 날
도마뱀, 하늘다람쥐나
날다람쥐도 하늘을 날
기는 하지만 이들은 높
은 곳에서 낮은 곳으로
점프를 하는 것이다.
이를 '활공' 이라고 한
다. 하지만 박쥐는 날

· 박쥐는 젖먹이 동물이다. 사진은 큰발윗수염박쥐의 젖꼭지 모습. 새끼에게
젖을 먹일 때만 보이며, 주변의 털이 모두 빠져 있는 것을 확인할 수 있다.

개를 사용해 낮은 곳에서 높은 곳으로도 혹은 수평이나 수직으로도 혼자 힘으로 자유롭게 날아다닐 수 있는 유일한 젖먹이 동물이다.

날개를 가진 생물들은 우리 주위에서도 많이 볼 수 있다. 각 동물들의 날개를 비교해 보면, 곤충의 날개는 피부의 껍질이 변해서 만들어진 데 비해 새의 날개는 앞다리의 변형에 의해 만들어진 것이다. 그러나 박쥐의 날개는 곤충이나 새의 날개와 전혀 다르다. 새의 날개는 앞다리 전체에 깃털이 돋아 형성되었기에 날개 속에 손가락뼈들이 들어 있지만, 박쥐의 경우는 길게 늘어난 손가락 사이에 물갈퀴처럼 얇은 피부막이 연결되어 날개가 되었다. 이 얇은 피부막을 '날개막'이라 부른다.

비행과 활공은 어떻게 다를까

'활공'이란 높은 곳에서 낮은 곳으로 떨어지면서 공중에 떠 있는 시간을 연장시켜 멀리 이동하는 것을 말한다. 사람들이 행글라이더나 패러글라이딩을 이용해 높은 산에서 땅으로 뛰어내리게 되면 하늘에 몇십 분씩 떠 있는 것과 같은 원리이다. 반면 '비행'은 자신의 의지로 낮은 곳에서 높은 곳으로도 높낮이에 상관없이 자유롭게 날아다니는 것을 말한다. 박쥐가 공중을 자유롭게 날아다니게 되면서 하늘은 낮에는 새가 지배하고 밤에는 박쥐가 지배하게 되었다. 이렇게 박쥐와 새는 서로 먹이를 잡아먹는 시간을 달리하여 하늘을 지배하고 있는 것이다. 여러분들은 저녁 무렵에 둥지로 날아 돌아가는 새들을 본 적이 있을 것이다. 새들이 둥지로 들어간 후 몇 분이 지나면 박쥐가 먹이를 찾아 날아 나온다. 이렇게 해서 해충들은 새와 박쥐에 의해 밤낮없이 잡아먹혀 제거되는 것이다.

박쥐의 또 다른 특징은 초음파를 사용한다는 점이다. 초음파는 사람이 들을 수 없는 영역의 소리로서 주파수가 약 16킬로헤르츠(kHz) 이상의 음파를 말한다. 박쥐는 초음파를 발사한 뒤 물체에 부딪혀 되돌아오는 소리(반향, 메아리)를 받아서 물체의 위치와 지형을 파악한다. 이를 '반향정위(反響定位, echolocation)'라고 한다.

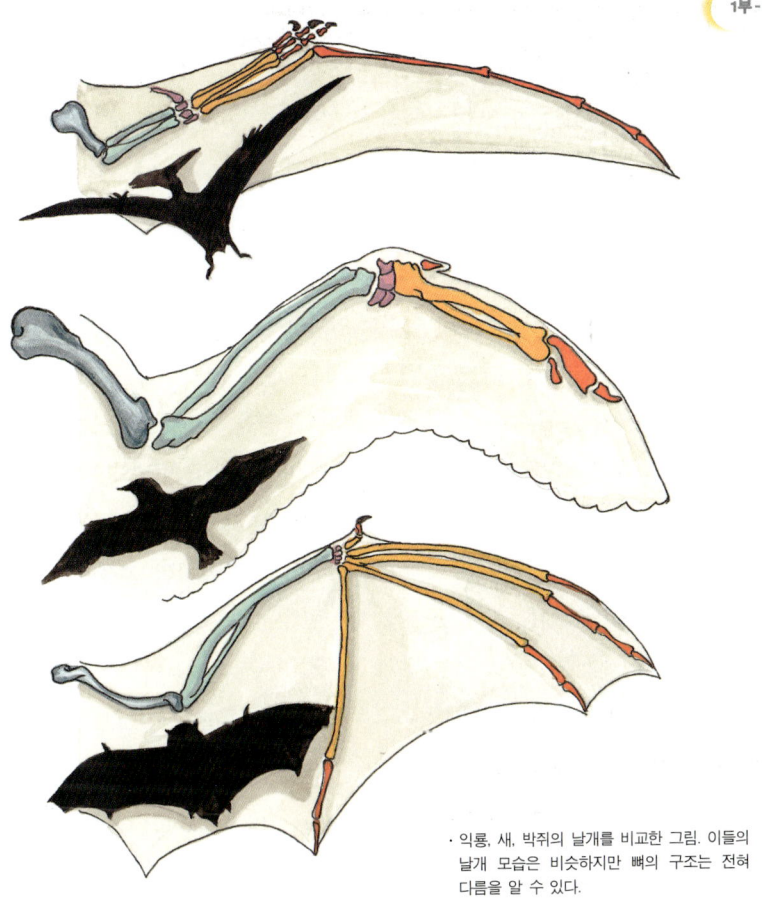

· 익룡, 새, 박쥐의 날개를 비교한 그림. 이들의
날개 모습은 비슷하지만 뼈의 구조는 전혀
다름을 알 수 있다.

실제로 대부분의 박쥐는 앞을 볼 수 없도록 눈을 가려도 실내에
서 약 30센티미터 간격으로 늘어뜨린 철선 사이를 빠져나갈 수
있는데, 이것은 초음파를 사용해 주위의 지형지물을 파악할 수 있
음을 의미한다.

2. 박쥐의 조상은 누구일까

박쥐는 어떻게 진화해 온 동물인가? 이에 대해 처음으로 연구한 학자는 16세기 취리히에 살았던 의사이자 과학자 게스너(K. Gesner)이다. 그는 자신의 저서 『동물의 역사(Historia Animalium)』에서 박쥐를 "새와 쥐의 중간 동물"이라고 하였으며 또한 "날아다니는 생쥐"라고도 하였다.

하지만 최근의 분류법에 따르면, 곡물이나 열매를 먹는 생쥐(설치류)와는 달리 대부분의 박쥐들은 곤충을 잡아먹는 동물이므로 오히려 고슴도치나 두더지, 땃쥐 같은 식충류(食蟲類)와 가깝다고 본다.

· 박쥐와 사촌 관계에 있는 쇠뒤쥐. 박쥐와 마찬가지로
주로 곤충을 잡아먹는다.

박쥐처럼 곤충을 잡아먹는 무리의 조상은 지금부터 7,000만 년 전인 중생대 백악기 말부터 신생대 제3기 초에 걸쳐 공룡의 뒤를 이어 나타난 동물이다. 그 당시 지구는 대륙의 이동과 지각 변동 등으로 기후와 환경이 매우 다양했었다. 이 시기 초기에 곤충을 먹는 식충류 무리의 대부분은 땅위 생활, 땅위와 땅속 생활, 나무위 생활을 하는 종류로 나뉘게 되었다. 이렇게 다양한 생활 환경으로 진화된 식충류 중에서 나무위 생활을 한 식충류인

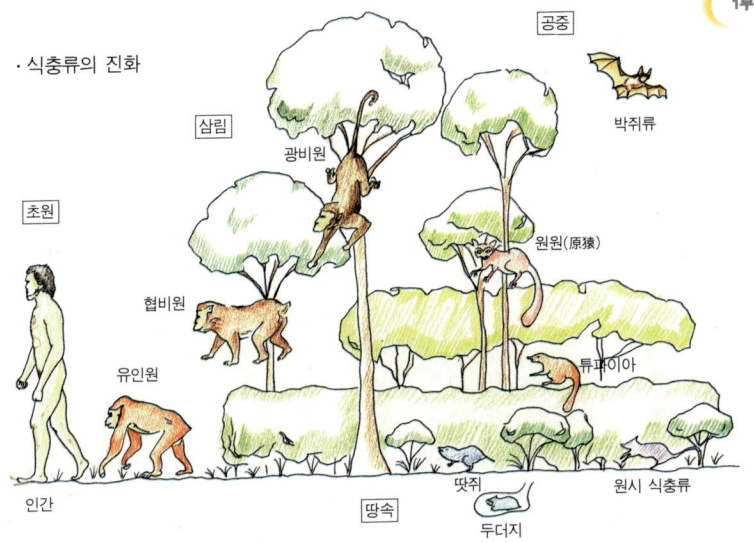

· 식충류의 진화

공중 / 박쥐류

삼림 / 광비원

초원 / 원원(原猿)

협비원

유인원 / 튜파이아

인간

땅속 / 땃쥐 / 두더지 / 원시 식충류

튜파이아(Tupaia)가 박쥐의 조상이었을 것으로 추정되고 있다.

이들은 처음에는 나무 위에서 살다가 차차 새로운 환경에서 새로운 먹이를 잡기 위하여 적응을 하게 되었을 것이다. 이러한 적응 과정에서 생긴 변화는 앞다리와 뒷다리 사이를 연결하는 날개막, 뒷다리와 꼬리를 연결하는 꼬리막이 형성된 것인데 그 뒤 손가락이 가늘어지면서 길게 늘어나게 되었다. 그리고 손가락 사이를 연결하는 얇은 지지막과 어깨, 팔, 손목 사이의 앞날개막이 생긴 것으로 추측된다. 하지만 이를 증명할 수 있는 화석이 없어 아직까지는 가설에 지나지 않는다.

최근 독일에서 발견된 6,000만 년 전의 박쥐 화석도 오늘날의 박쥐 모습과 크게 다르지 않다. 화석과 비교했을 때 현재의 박쥐가 머리뼈의 생김새와 이빨의 배열 수, 소화 기관과 뇌의 발달 정도에서 원시적인 모습을 간직하고 있는 것으로 보아 6,000만 년 전 이후 박쥐는 진화가 더 진행되지 않은 것으로 생각된다.

· 독일 다름슈타트 인근 채석장에서 발견된 박쥐 화석. 날개의 형태와 모습이 오늘날의 박쥐 모습과 매우 비슷하다. 손톱이 달린 엄지손가락과 제2, 3, 4, 5의 손가락을 뚜렷이 볼 수 있다.

3. 박쥐는 어떻게 생겼을까

많은 사람들은 으레 박쥐를 매우 징그럽게 생겼을 것이라고 생각한다. 그러나 자세히 살펴보면 박쥐의 생김새도 상당히 귀엽다.

우선 박쥐의 몸은 머리와 몸통, 꼬리로 나눌 수 있다. 대부분의 박쥐는 몸 전체가 털로 덮여 있는데 털의 색깔은 종류에 따라 매우 다양하여 흰색, 갈색, 붉은색, 검은색, 회색 등을 볼 수 있다.

관박쥐와 같이 종류에 따라서는 콧등 위에 비엽(鼻葉, 코에 주름 모양으로 달린 돌기)이 있어 처음 보는 사람들은 그 모양새만을 보고 징그럽다고 느낀다. 그러나 윗수염박쥐나 다른 박쥐의 코에는 비엽이 없다.

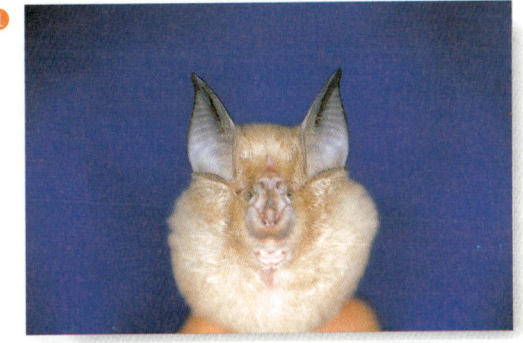

또 귀의 형태도 종류에 따라 매우 다양하다. 관박쥐와 같이 귓바퀴가 크고 그 생김새가 관악기 호른을 닮은 종류와, 윗수염박쥐처럼 쥐의 귀를 닮은 종류도 있으며, 긴날개박쥐나 검은집박쥐처럼 사람의 귀와 비슷하게 생기기도 했고, 토끼처럼 긴 귀를 가진 토끼박쥐도 있다. 귀의 앞에는 이주(耳珠)라는 작은 돌기물이 있는데 이것의 길이와 형태도 박쥐의 종류에 따라 다르며, 관박쥐에게는 이주

①관박쥐. 콧등 위에 비엽이 있으며, 귓바퀴가 크고 그 생김새가 마치 서양 악기인 호른을 연상시킨다.
②물윗수염박쥐. 코에 비엽이 없으며, 귀의 모양이 쥐의 귀를 닮았다.
③토끼박쥐. 코에 비엽이 없으며, 귀의 모양이 마치 토끼의 귀를 닮은 모습이다.

가 없다. 이주는 소리를 더 잘 모아 들을 수 있도록 일종의 안테나 역할을 한다고 볼 수 있다.

박쥐의 날개를 살펴보면, 가장 짧고 작은 엄지손가락과 길게 늘어난 2, 3, 4, 5번째 손가락을 볼 수가 있는데 손톱은 첫번째 엄지손가락에서만 볼 수 있다. 다섯 개의 손가락이 늘어나 만들어진 날개에는 피부가 변한 얇은 막이 덮여 있어 새의 날개 역할을 한다. 여기에는 많은 혈관이 퍼져 있어 혈액이 흐르는데, 질기고 신축성이 좋아 잘 늘어난다.

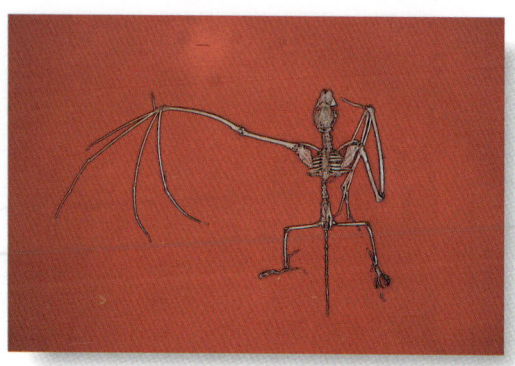

· 관박쥐의 골격. 날개의 끝부분과 꼬리 부분까지 뼈가 형성되어 있다.

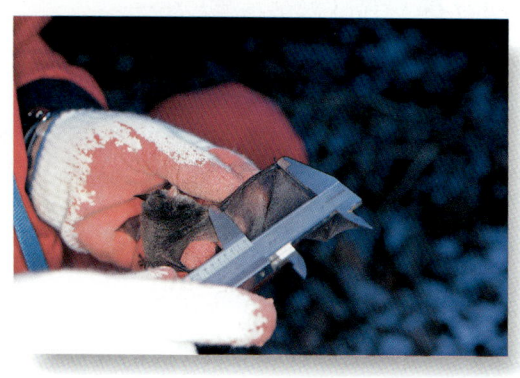

· 큰발윗수염박쥐의 날개 길이를 측정하고 있다.

박쥐의 뒷다리에는 다섯 개의 발가락이 달려 있는데 거의 퇴화되어 힘줄만 남아 있다. 발가락의 끝에는 날카로운 발톱이 있어 천장 등에 거꾸로 매달리는 데 매우 유리하게 생겼다. 꼬리는 몸통에서 길게 늘어져 나와 있으며, 이 꼬리와 다리 사이에는 '꼬리막' 이라는 얇은 피부막이 형성되어 있다. 꼬리막은 박쥐가 날 때

방향을 바꾸거나 장애물을 만나서 정지할 때 큰 역할을 하며, 사
냥할 때 먹이를 포획하는 그물로 쓰이기도 한다.

　박쥐는 종류에 따라 그 뼈의 길이가 다양하다. 그래서 박쥐의
크기를 측정할 때에는 팔(앞다리)의 길이와 몸통 · 꼬리의 길이,
그리고 귀의 길이와 이주의 길이를 측정한다.

　또 박쥐의 머리뼈(두개골)는 박쥐의 종류를 알아내는 데 매우
중요한데 종류에 따라 이빨의 형태와 수가 다르기 때문이다.

　젖먹이 동물은 모두 이빨을 가지고 있으며 이빨에는 앞니, 송곳
니, 앞어금니, 어금니의 네 가지 종류가 있다. 이빨의 수와 생김새
는 동물을 분류하는 데 매우 중요한 열쇠이다. 동물의 이빨을
표현하기 위해 간략하게 표를 만들어 사용하며 이를
치식(齒式)이라고 한다. 앞니(Incisors)는 I,
송곳니(Canines)는 C, 앞어금니
(Premolars)는 P, 어금니(Molars)
는 M으로 나타낸다.

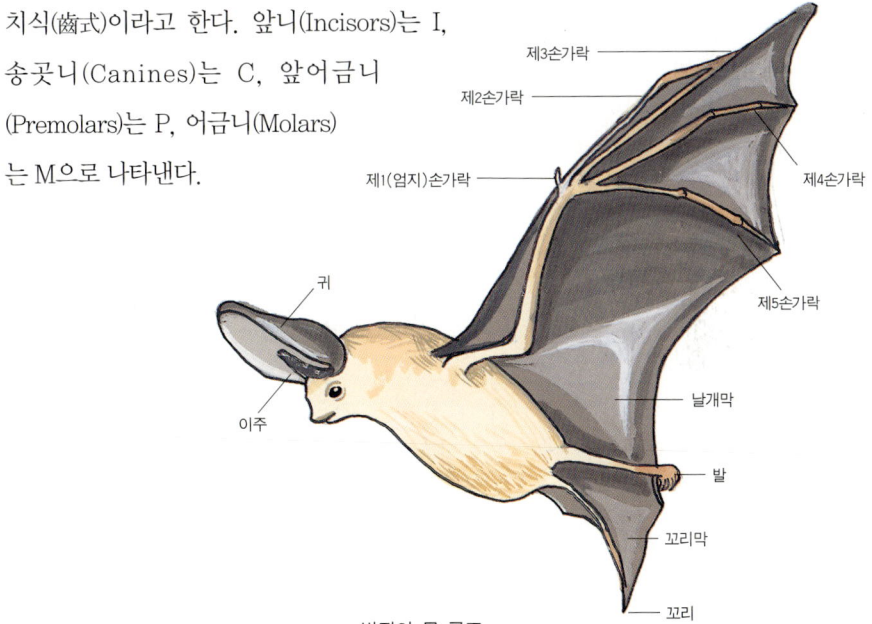

제3손가락

제2손가락

제1(엄지)손가락

제4손가락

제5손가락

귀

이주

날개막

발

꼬리막

꼬리

· 박쥐의 몸 구조

이를 분수(分數)의 형식으로 나타내는데 이빨 전체를 표현하지 않고 절반만 표현한다. 모든 동물의 이빨은 좌우 대칭을 이루므로 위턱의 절반을 분자로, 아래턱의 절반을 분모로 나타내는 것이다.

앞니　　송곳니　앞어금니　어금니

$$\frac{\text{I} \quad \text{C} \quad \text{P} \quad \text{M}}{\text{I} \quad \text{C} \quad \text{P} \quad \text{M}} = \text{전체 이빨의 수}$$

· 박쥐의 두개골

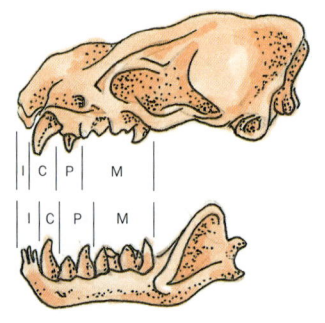

따라서 관박쥐의 경우에는,

$$\frac{1 \quad 1 \quad 2 \quad 3}{2 \quad 1 \quad 3 \quad 3} = 32\text{로 나타내는데}$$

이것은 앞니가 위에는 2개, 아래에는 4개가 있으며, 송곳니는 위턱과 아래턱에 각각 2개씩 있고, 앞어금니는 위턱에 4개, 아래턱에 6개가 있으며, 어금니는 위턱에 6개, 아래턱에 6개 있다는 뜻이다. 이 치식에 따르면 관박쥐의 전체 이빨의 수는 32개이다.

박쥐는 만년설이 덮인 극지방이나 인간이 살기 힘든 곳을 제외한 대부분의 온대 지방과 열대 지방에 폭넓게 분포하고 있다. 박쥐의 분류는 스웨덴의 생물학자 린네(Carl Linné)에 의해 처음으로 시작되었다. 린네는 과학적 · 체계적으로 생물종을 분류한 최초의 사람으로서, 1735년에 그의 저서 『자연계의 체계(Systema Naturae)』에서 생물 분류의 가장 작은 단위인 종(種, species)의 개념을 정립하였다. 그러나 그 책에는 단지 여섯 종류의 박쥐만이 기록되어 있을 뿐이다.

그 후 100여 년의 세월이 흐르는 동안 많은 종류이 박쥐가 새로이 발견되었는데, 1865년 코흐(Koch)는 300종 이상의 새로운 박쥐를 찾아냈다. 지금까지 알려진 박쥐는 약 18과(科)에 1,000여 종이 있다. 이렇게 많은 종 수는 전 세계 젖먹이 동물 5,000여 종 가운데 설치류(쥐류) 다음으로 많은 것이다.

박쥐는 주로 우리들이 쉽게 접근할 수 없는 곳에 살기 때문에 지금까지 연구가 많이 이루어지지 않았으나 요즈음 들어 활발하게 연구가 이루어지고 있어 앞으로 새로운 종이 계속 발견될 것으로 기대된다. 박쥐의 종류가 가장 많은 지역은 남미

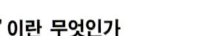

'종' 이란 무엇인가

생물학에서는 동일한 종의 암컷과 수컷 사이에서 태어난 새끼들이 다 자란 후 새끼들을 낳을 수 있으면 이 둘은 한 종이라고 이야기한다. 사람, 원숭이, 고릴라, 사자, 호랑이, 말, 당나귀 등은 각각 하나의 종이다. 그러나 진돗개, 풍산개, 삽살이, 세퍼드, 치와와 같은 것들은 종보다는 작은 단위로 품종이라고 부르며, 다른 품종들끼리 교배를 시키면 새끼를 낳을 수 있는 새끼가 태어난다. 반면에 말과 당나귀를 교배하면 노새가 태어나고 호랑이와 사자를 교배하면 라이거가 태어나지만, 이들 노새와 라이거는 성장해서 새끼를 낳을 수가 없다.

· 다양한 박쥐의 얼굴 생김새. ①과일을 먹고 사는 과일박쥐, ②입술에 수술 모양의 장식을 달고 있는 수술입술박쥐, ③불독처럼 얼굴이 일그러진 주름얼굴박쥐, ④동물의 피를 빨아 먹는 흡혈박쥐.

지역이며, 우리 나라에는 미국, 유럽, 러시아와 비슷한 종 수(20~40종)가 서식하고 있다.

현재 지구상에 살고 있는 박쥐는 크게 큰박쥐아목(亞目)과 작은 박쥐아목으로 나뉜다. 큰박쥐아목은 보통 날이 완전히 저물기 전에 먹이를 먹는데, 이들 종들은 과일이나 꽃가루, 꿀 등을 좋아하여 일명 '과일박쥐(fruit bat)'라고 불린다. 눈이 크고 주둥이가 튀어나와 있어 생김새는 개나 여우를 닮았다. 때문에 '날여우박쥐 (flying fox bat)'라고도 부른다. 몸집이 매우 커서 두 날개를 활짝 펴고 쟀을 때는 길이가 1.5미터를 넘는 박쥐도 있다.

큰박쥐아목에 속하는 종류는 대부분 대형 종으로 전 세계적으로 1과(科)에 약 175종이 있으며 열대 및 아열대 지방에 주로 살고 있다. 이들의 눈은 사물을 어느 정도 구별할 수 있으며 색깔도 인식할 수 있는 것으로 알려져 있다.

날개의 생김새와 날아다니는 방법도 작은박쥐류와는 크게 다르다. 첫번째 손가락과 두번째 손가락이 발달되어 있어서 날개를 이용해 똑바로(머리가 위로 가세) 내밀려 있을 수 있을 뿐만 아니라 먹이를 만지거나 쥐는 등 날개를 비교적 자유롭게 사용할 수 있다.

세상에서 가장 작은 박쥐와 가장 큰 박쥐

지금까지 발견된 박쥐 가운데 가장 작은 박쥐는 크라시오닉테리스 통글롱기아이(Craseonycteris thonglongyai)라는 종류인데, 이 박쥐의 몸무게는 약 2그램 정도이며 몸통의 길이는 29~33밀리미터밖에 되지 않는다. 이 무게는 나방보다 가벼운 것이다. 또한 지금까지 알려진 박쥐들 중에서 가장 큰 것은 과일박쥐의 일종인 프테로푸스 밤피루스(Pteropus vampyrus)로, 날개를 쫙 펴고 쟀을 때의 날개 길이는 1.7미터이며 몸무게는 0.9킬로그램에 달한다. 가장 큰 박쥐와 가장 작은 박쥐의 몸무게를 비교해 보면 450배 정도 차이가 난다.

작은박쥐아목의 박쥐는 얼굴의 생김새는 매우 다양하지만 눈이 작고 주둥이는 튀어나오지 않은 편이다. 코 주위에 비엽이라 불리는 복잡한 피부 주름이 있는 것들도 있다. 대체로 크기가 작은 이들은 주로 밤에 먹이를 찾아 날아다니므로 눈으로 사물을 식별하지 못한다. 그래서 거의 초음파에 의존해 곤충들을 잡아먹는데 식성은 다양한 편이다.

작은박쥐류는 남극과 북극 지방을 제외한 전 세계에 넓게 분포하고 있다. 지구상에 있는 대부분의 박쥐가 이 작은박쥐아목에 포함되며 전 세계적으로 17과(科) 800여 종이 살고 있다. 우리들이 흔히 알고 있는 흡혈박쥐 역시 작은박쥐류에 속하며 전 세계에 3

종밖에 없다. 이들은 중남미 지방에만 살고 있으며 말, 돼지, 소 등의 피를 주로 먹는다.

작은박쥐류와 큰박쥐류의 차이점

작은박쥐류	큰박쥐류
눈이 작고 시력이 매우 나쁘다.	눈이 크고 비교적 시력이 있는 편이다.
야행성이며 초음파를 사용한다.	완전히 어두워지기 전에 활동하며
	초음파를 내지 않는 종이 많다.
주로 곤충을 먹는다.	과일과 꽃가루, 꿀 등을 좋아한다.
전 세계에 넓게 분포한다.	주로 열대와 아열대 지방에 분포한다.

5. 박쥐는 어디에 살까

사람들이 가장 많이 물어오는 질문 가운데 하나가 박쥐가 사는 곳에 관한 것이다. 대개 사람들은 박쥐가 동굴에만 사는 것으로 생각하기 쉽다. 그러나 박쥐가 사는 곳은 의외로 아주 다양하다. 모든 동물들에게 있어서 쾌적한 서식처를 찾는 일은 매우 중요한 일이다. 특히 몸이 작고 약해서 다른 동물에게 잡아먹히기 쉬운 박쥐에게는 안전한 서식처야말로 족제비, 매 등의 침입자로부터 자신을 보호할 수 있음은 물론 추위와 더위를 피할 수 있는 요건이 된다.

박쥐가 안전하게 살 수 있는 곳은 동굴 외에도 가옥의 처마 밑, 바위틈, 고목의 빈 구멍 등이다. 특히 아프리카 지방에 사는 박쥐들 가운데 어떤 종은 나뭇잎을 말아서 그 속에 들어가 살기도 한다. 그렇다면 박쥐들이 살기에 좋은 장소는 어떤 곳일까? 대략 다음과 같이 구분할 수가 있다.

동굴에 사는 박쥐

동굴은 일 년 내내 항상 온도와 습도가 일정하기 때문에 박쥐들이 살기에 가장 좋은 장소가 된다. 동굴에는 자연 동굴과 인공 동굴이 있고, 자연 동굴은 용암 동굴과 석회암 동굴, 파식 동굴로 나눌 수 있다.

석회암 동굴은 산호초 등 예전에 살았던 생물체의 탄산칼슘 성분이 굳어 바위가 된 석회암에 이산화탄소가 녹아 있는 물이 흘러들어, 오랜 세월에 걸쳐 암석이 녹으면서 형성된 동굴을 말한다. 우리 나라의 강원도, 충청북도, 경상북도 일부 지방에 주로 분포하는데 약 1,000여 개가 있는 것으로 알려져 있다. 석회암 동굴은 수직이나 수평 등 다양한 형태로 이루어져 있어 사람들의 접근이 어려우므로 박쥐가 살아가는 데는 아주 적당한 장소이다. 하지만 최근에는 성류굴, 고씨동굴, 온달동굴, 환선굴 등 많은 동굴이 관광지로 개발되어 사람들의 출입이 많아지면서 소음과 조명빛, 온도·습도의 변화로 인해 박쥐의 서식을 어렵게 하고 있다.

· 강원도의 한 석회암 동굴에서 겨울잠을 자고 있는 물윗수염박쥐.

· 제주도 용암 동굴에서
무리를 지어 겨울잠을
자고 있는 물윗수염박쥐.

용암 동굴은 화산이 폭발할 때 뿜어져 나온 용암이 흘러내리면서 형성된 동굴이다. 흘러내린 용암은 겉이 식어서 단단하게 굳은 후에도 내부는 뜨거운 채로 계속 흘러내리기 때문에 자연히 동굴이 생기게 되는 것이다. 우리 나라에서는 제주도에서 주로 볼 수 있다. 용암 동굴은 지표면의 바로 아래에 형성되어 있으며 매우 길다는 특징이 있다. 하지만 제주의 용암 동굴들도 대부분 관광지로 개발되어 박쥐가 살기에는 적당하지 않게 되었다. 다만 사람의 출입이 금지되어 있는 동굴의 미개발 지역에는 아직도 박쥐들이 살고 있다.

파식 동굴은 강물이나 바닷물에 의해 절벽이 깎여서 형성된 동굴인데, 길이가 짧아서 박쥐가 살아가기에는 적당하지 못한 동굴이다.

한편, 인공 동굴은 방공호나 터널 또는 일제 시대부터 개발된 후 방치된 많은 금광산, 은광산, 구리광산들로, 전국 각지에 그 수를 헤아릴 수 없을 정도로 많다. 우리 나라에서 자연 동굴의 개발로 인하여 서식지를 잃게 된 박쥐들이 이러한 인공 동굴에 많이 살고 있다.

외국의 예와는 달리 우리 나라에는 한 동굴에 많은 수의 박쥐가 모여 사는 경우가 드물다. 예전에는 4,000마리 정도가 집단을 이루고 있는 경우가 관찰되기도 했으나 최근에는 이러한 예를 찾아 보기가 힘들다.

멕시코에 살고 있는 자유꼬리박쥐(free‒tailed bat)의 경우 20만 마리 정도가 한 동굴에 모여 살기도 하며, 호주의 한 동굴에서는 한 종류의 박쥐가 10만~50만 마리 정도가 함께 살기도 한다. 또 여러 종류의 박쥐가 모여 살 때에는 그 수가 80만 마리에 이르는 경우도 있다.

작은 동굴의 경우 동굴 입구와 끝의 온도가 거의 같지만 큰 동굴은 내부의 구조와 위치, 방향과 길이에 따라 온도와 습도가 각각 달라서 여러 종류의 박쥐가 함께 살 수 있다. 파푸아뉴기니에 있는 큰 동굴의 경우에는 10여 종의 박쥐가 한 동굴에서 함께 살기도 한다.

동굴 내부의 온도는 동굴 구조에 따라 매우 다르다. 보통 입구는 안쪽에 비해 춥고, 천장이 높은 동굴은 같은 거리를 들어가더라도 위쪽이 아래쪽보다 훨씬 따뜻하다. 이렇듯 한 동굴에서도 다양한 온도와 습도를 갖게 되므로 박쥐마다 서식하는 각각의 장소가 정해져 있다. 박쥐에 따라 좋아하는 온도와 습도가 다르기 때문에 동굴 내부의 위치에 따라서 찾아볼 수 있는 박쥐의 종류가 달라지는 것이다.

우리 나라의 박쥐류 가운데 관박쥐, 긴날개박쥐, 큰발윗수염박

· 폐광에서 날고 있는 긴날개박쥐. 폐광은 박쥐들에 있어 자연 동굴에 버금가는
중요한 생활 공간이다.

쥐, 물윗수염박쥐, 붉은박쥐 등이 동굴에 서식한다. 그러나 최근
많은 동굴의 개발로 인해 박쥐가 보금자리를 잃어버리면서 폐금
광산이나 폐구리광산에서 서식하는 것이 자주 관찰되는데, 폐광
역시 안보상의 이유와 중금속에 오염된 하천의 유입을 막기 위해
입구를 폐쇄함으로써 박쥐가 살 수 있는 공간은 점점 더 좁아지고
있다.

인가 근처에 사는 박쥐

문명이 발달하고 인간의 생활 터전이 확대되면서 터널, 건
축물, 다리 등의 건설로 인해 많은 수의 박쥐들이 사람들
이 만들어놓은 인공 구조물에 살게 되었다. 이들 박쥐는 원래 동

굴이나 바위틈, 숲에서 주로 살았으나 자연 환경이 파괴되어 감에 따라 인공의 장소에 적응하게 된 것이다. 필자가 박쥐 연구를 시작하던 1970년대 중반만 하더라도 전국적으로 초가집과 기와집들이 많았는데 집의 처마를 조사해 보면 집박쥐, 안주애기박쥐 등 종류가 무척 많았다.

그러나 이후 초가집을 없애고 슬레이트와 콘크리트를 쓰는 주택 개량이 이루어지면서 우리의 일상 공간에 살던 박쥐의 숫자가 급격하게 줄어들었다.

일본 유학 시절, 우리 나라에서는 보기 힘들었던 집박쥐가 일본에는 많이 있는 것을

· 전라북도 완주군 상관면에 있는 정수사 대웅전.
천장에 박쥐들이 살고 있다.

보고 일본에는 아직도 목조 건물이 많기 때문이 아닌가 생각했던 적이 있었다. 하지만 최근에는 살 곳이 없어진 안주애기박쥐나 집박쥐가 아파트의 보일러실이나 베란다에 날아들기도 하며, 양옥집의 천장 위 공간에 사는 것도 종종 관찰된다. 박쥐는 실로 다양한 곳에서 우리들과 공존하고 있는 것이다.

바위틈에 사는 박쥐

북한산의 선인봉이나 설악산의 울산암 등의 거대한 바위들은 낮에 햇볕을 받아서 따뜻하게 달구어지면 밤늦은 시간까지 그 따뜻함을 간직하고 있다. 이런 큰 바위의 틈은 바깥과는 달리 온도의 변화가 별로 없는 데다가 다른 동물들이 접근하기가 힘들어 박쥐가 살기에는 안전한 장소가 되기도 한다. 그러나 이러한 곳은 공간이 좁고 높은 곳에 있기 때문에 올라가 조사하는 게 무척 힘들다. 또 조사할 때도 틈이 너무 작아서 발견하기가 힘든 데다가 워낙 살고 있는 개체 수가 적기 때문에 아직 연구가 제대로 이루어지지 못했다.

필자가 조사한 바에 따르면, 북한산 선인봉 박쥐길에 사는 박쥐

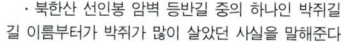

· 북한산 선인봉 암벽 등반길 중의 하나인 박쥐길.
길 이름부터가 박쥐가 많이 살았던 사실을 말해준다.

의 경우 바위틈에서 한 해 내내 지내지는 않는 듯하다. 겨울철에는 이들도 건물의 천장 같은 좀더 따뜻한 곳을 찾아서 겨울을 보낸다. 재미있는 것은 이러한 바위틈에 사는 박쥐의 경우 그 생김새가 바위틈에 들어가기에 딱 좋게 생겼다는 점이다. 이들은 대개 머리가 납작하고 날개의 첫번째 손가락을 아주 잘 사용하기 때문에 좁은 바위틈에도 잘 들어가고 잘 기어다닌다.

그러나 선인봉 박쥐길에 살고 있던 많은 수의 박쥐가 연구가 제대로 이루어지기도 전에 이미 자취를 감춰버렸다. 박쥐를 공부하는 사람들에게는 매우 안타까운 일이 아닐 수 없다.

고목 속에 사는 박쥐

큰 나무의 껍질 안에 서식하는 박쥐는 전 세계적으로 몇 종류가 있는데 이에 대한 연구가 영국, 미국에서 많이 이루어져 있다. 이들은 껍질 안에서 새끼를 낳아 키우면서 추운 겨울철을 지내다가 기온이 더 내려가면 더 두꺼운 껍질을 찾아서 이동한다. 고목이나 큰 나무의 빈 공간 즉 동공(洞空)은 나무에 따라 그 위치와 크기가 제각기 다르지만 보통의 나무 껍질보다 온도나 습도가 잘 유지되기 때문에 박쥐가 살기에 매우 좋은 장소이다.

아프리카에 있는 바오밥나무는 높이가 몇백 미터나 될 정도로 매우 큰 나무여서 박쥐들이 살기에는 최고의 장소이다. 나무 한 그루에 약 80마리의 박쥐가 사는 예도 찾아볼 수 있다.

어떤 열대 지방의 흙에는 나무들이 자라는 데 필요한 영양분이 부족하다. 그래서 이 지방의 나무들은 동공 속에 사는 박쥐의 배설물을 거름으로 이용한다. 박쥐의 배설물에는 질소와 무기 물질이 많이 함유되어 있어 나무들에게 아주 좋은 영양 물질이 된다.

필자도 우리 나라의 고목에도 박쥐가 살고 있으리라 생각해 부산광역시의 동래에 있는 큰 나무들을 며칠에 걸쳐 조사한 적이 있었다. 그 때 한국에 사는 박쥐류 가운데 가장 큰 박쥐인 멧박쥐를 발견한 적이 있다. 또 우리 나라에서는 두 번의 채집 기록밖에 없는 작은관코박쥐를 지리산의 고목 속에서 채집하기도 하였다. 이 때부터 시작된 고목의 구멍을 찾는 일은 습관이 되어버려 큰 고목을 발견하게 되면 으레 이곳저곳을 꼼꼼하게 찾아보곤 한다.

한국에서는 멧박쥐, 작은관코박쥐, 졸망박쥐 등이 바위틈이나 큰 고목의 구멍에서 살아가는 박쥐이다. 그러나 산업화에 따른 무분별한 개발과 땔감에 이용할 나무의 채취 등으로 산림이 황폐화되면서 고목에 사는 이들 종의 관찰이 이제는 매우 어려워졌다.

외국에서는 나무의 구멍이나 껍질 속에 서식하는 박쥐 외에도 나무의 겉에 붙어 서식하는 박쥐들이 있다. 이 박쥐는 마치 이끼처럼 보이기 때문에 나무에 붙어서 쉬고 있을 때에는 찾아내기가 무척 힘이 든다.

동남아시아와 인도에서는 대나무 줄기 속에 사는 박쥐 두 종류(*Tylonycteris pachypus*, *Tylonycteris robustula*)가 알려져 있다.

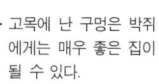

· 고목에 난 구멍은 박쥐에게는 매우 좋은 집이 될 수 있다.

이들은 벌레가 대나무에 뚫어놓은 구멍으로 들어가 단단한 대나
무 줄기 안에서 사는데, 몸이 줄기 안에 들어가기 좋도록 납작한
모양을 하고 있다. 또한 이 박쥐들은 무릎과 발꿈치에 흡착판이라
는 특수한 기관을 가지고 있어서 미끄러운 대나무 줄기 안에서도
잘 미끄러지지 않는다.

나뭇잎으로 집을 만드는 박쥐

북아메리카와 아프리카 가봉에 사는 박쥐 중에는 나뭇잎에
사는 박쥐가 있다. 이 박쥐는 한 마리씩 또는 여러 마리가
무리를 지어 바나나 잎이나 천남성 잎에 붙어 휴식을 취하기도 하
며, 짧은 기간 동안 그 곳에서 살기도 한다. 또 중남미에 사는 어
떤 박쥐는 나뭇잎을 말아서 그 속에 들어가 살기도 한다.

또 어떤 박쥐들은 나뭇잎으로 텐트 모양의 집을 만들어 사는데
그 구조가 매우 특이하고 정교하다. 종려나무 잎의 크고 굵은 잎
맥을 이빨로 잘게 썰어서 잎을 내려앉힌 다음 반으로 접어 집을
짓는데, 마치 나뭇잎이 처진 모양 같다. 집은 매우 정교하여 매나
족제비 등의 다른 동물들이 발견하기가 매우 힘들다. 또 많은 비
와 뜨거운 태양열로부터 박쥐들을 보호해 줄 수 있다.

이렇게 신기한 박쥐의 집 짓는 방법이 후천적인 학습에 의한 것
인지 본능적 행동에 의한 것인지에 대해서는 아직까지 알려진 바
가 없다.

· 나뭇잎으로 집을 만들고
  사는 박쥐의 모습.
  ①노란귀박쥐
  ②짧은얼굴날여우박쥐

6. 박쥐는 무엇을 먹고 살까

박쥐가 사는 곳만큼이나 흥미로운 것이 먹을거리이다. 우리들이 박쥐를 생각할 때 흔히 흡혈박쥐를 떠올리듯이 모든 박쥐가 동물의 피를 빨아먹고 사는 것으로 오해하는 경우가 많다.

그러나 실제 대부분의 박쥐는 주로 곤충을 잡아먹으며, 열대 지방에 서식하는 큰박쥐류는 과일을 먹기도 한다. 또한 박쥐는 주로 먹이를 통해 수분을 섭취하지만 따로 물을 마시기도 한다. 겨울잠을 자다가 깨어나 종종 물을 마시는 경우도 있다.

박쥐는 먹이를 먹지 않고 얼마나 살 수 있을까

겨울잠을 잘 때면 먹이를 먹지 않고도 견디는 기간이 다른 동물에 비해서 무척 길다. 약 6개월 가량은 먹이를 먹지 않고 버틴다. 그러나 활동기 때는 일 주일을 굶으면 죽는 것을 관찰한 적이 있다.

그러면 박쥐는 자연 상태에서 구할 수 있는 먹이만을 먹을까? 꼭 그렇지는 않다. 박쥐들은 살아 있는 곤충을 주로 먹지만 사람이 만든 사료도 곧잘 먹는다. 사료는 바나나, 삶은 달걀 노른자, 비타민 등을 혼합하여 만든다.

야생 동물의 생태를 추적한 자연다큐멘터리 프로그램을 보면 사냥한 먹이를 동료가 빼앗아 먹는 경우가 흔히 보이는데 박쥐도 예외는 아니다. 박쥐도 먹이를 사냥해 물고 있는 동료에게 다가가 먹이를 탈취하는 일이 종종 관찰된다.

곤충을 잡아먹는 박쥐

동물성의 먹이를 먹고 사는 종류들 가운데 가장 많은 수는 곤충을 잡아먹는 종류이다. 왜 이렇게 많은 종류의 박쥐가 곤충을 주로 잡아먹게 되었을까?

그 이유로 먼저 꼽을 수 있는 것은 날아다니는 곤충의 개체 수가 무척 많다는 점이다. 많은 곤충이 날개를 갖고 공중을 날아다니기 때문에 다른 동물들은 잡기가 매우 어렵다. 그러나 박쥐는 곤충들처럼 하늘을 자유롭게 날아다니기 때문에 비교적 쉽게 곤충을 잡아먹을 수 있다. 게다가 박쥐는 초음파를 사용하므로, 밤 하늘을 날아다니는 눈에 보이지 않는 작은 곤충들까지도 쉽게 잡아먹을 수 있는 것이다.

한편 숲의 나뭇잎 따위에서 사냥을 하는 형은 특히 수집가(collector)라고 불린다. 그만큼 사냥에 능해, 날고 있는 곤충이나 나뭇잎 줄기에 붙어 있는 곤충이나 종류를 막론하고 잡을 수 있다. 이 유형의 박쥐들은 초음파를 이용하여 곤충이 내는 날갯짓 소리, 잡음 등을 포착해 먹이의 위치를 정확히 파악한다. 박쥐에 전파 발신기를 달아 추적해 본 결과, 어떤 박쥐는 땅에 내려와 30분 이상이나 먹잇감 곤충을 탐색하는 것으로 밝혀졌다.

또 작은관박쥐 같은 종류는 먹이 사냥 가능 지역의 어떤 나무에서 대기하면서 초음파를 발사해 주위를 감시하고 있다가 자신의 레이더망으로 곤충을 감지하자마자 먹이가 이동하는 정확한 방향을 파악하고 반향정위에 의한 추적에 들어가

· 박쥐의 다양한 먹이 사냥 방법
①양쪽 날개로 곤충이 달아나지 못하도록 막고서 먹이를 잡는다.
②입으로 직접 먹이를 물어 잡는다.
③꼬리막을 이용해 먹이를 잡는다.
④날개막을 이용해 먹이를 잡는다.
⑤멀리 떨어진 곤충을 날개를 활짝 펴서 낚아채듯이 잡는다.

먹이를 포획한다. 잡은 먹이가 아주 클 경우에는 자신이 숨어 있
던 자리로 되돌아가서 먹는다.

과일이나 꿀을 먹는 박쥐

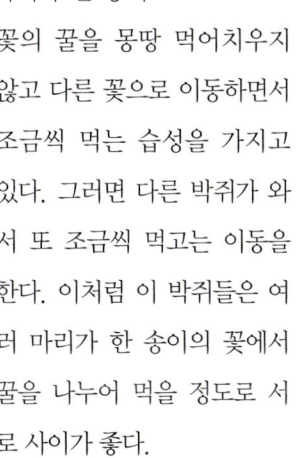

· 꽃에서 꿀을 빨아먹고 있는
박쥐(*Glossophaga soricina*)

열 대 지방에 사는 몇 종류의 박쥐는 꿀이나 꽃가루를 먹는
다. 이런 종류의 박쥐는 여러 마리가 함께 날
아다니다가 한 그루의 나무에 매달려서 먹는 것이
특징이다. 여럿이 모여 다니면 다음 먹이를 찾을 때
모두 흩어져서 찾을 수 있으므로 먹이 식물을 찾아
내기가 쉽다는 장점이 있다.

게다가 이들은 꿀을 먹을 때 한 마리가 한 송이
꽃의 꿀을 몽땅 먹어치우지
않고 다른 꽃으로 이동하면서
조금씩 먹는 습성을 가지고
있다. 그러면 다른 박쥐가 와
서 또 조금씩 먹고는 이동을
한다. 이처럼 이 박쥐들은 여
러 마리가 한 송이의 꽃에서
꿀을 나누어 먹을 정도로 서
로 사이가 좋다.

한편 과일을 먹는 박쥐들은
처음부터 과일을 먹었다기보

· 과일을 먹고 있는 박쥐(*Epomophorus wahlbergi*)

다는 과일 속에 사는 벌레를 잡아먹는 과정에서 과일맛을 보게 되어 과일을 먹게 된 것으로 생각된다.

동물을 잡아먹는 박쥐

박쥐 중에서 동남아시아 지역에 살고 있는 유령박쥐류는 쥐, 개구리, 물고기, 도마뱀, 다른 종류의 작은 박쥐 등을 주식으로 하는 식육성 박쥐들은 전 세계적으로 아프리카산 유령박쥐, 오스트레일리아의 유령박쥐, 아메리카의 흡혈박쥐사촌 등이 알려져 있다.

이렇듯 동물을 잡아먹는 박쥐 종류는 전 세계에 약 10여 종이 있다. 공통적으로 이들은 길이가 짧고 폭이 넓은 형태의 날개를 가지고 있는데, 날개의 무게 부담이 적기 때문에 무거운 먹이를 땅에서 잡아올린 뒤 멀리까지 이동해 가서 먹는다. 또 날개의 특성상 저공비행이 가능하므로 땅에 닿을 정도로 스치듯이 날면서 먹이를 찾을 수 있고, 매우 느린 속도로 소리 없이 날 수도 있으며, 정지비행도 가능하다.

피들러(J. Fiedler)는 1979년 유령박쥐의 먹이 사냥 과정을 관찰하였는데 그 결과는 다음과 같다.

① 먹이의 발견 : 박쥐는 먹잇감인 쥐가 사냥권 안에 들어오게 되면 자신의 큰 귓바퀴를 앞뒤로 바쁘게 움직이면서(1초에 2~4회) 머리를 조금 옆으로 움직인다. 이런 행동을 할 때 박쥐는 초음파를 발사하는 경우가 많다. 먹이를 탐지하면 박쥐는 귓바퀴의 움직임을 멈추고 곧바로 날아오른다.

② 접근 비행 : 날아오른 박쥐는 보통 쥐의 앞 약 150센티미터 지점에서 속도를 늦추는데 간혹 쥐의 머리 위를 날아 넘어가기도 한다. 이 때에도 박쥐는 초음파를 발사한다.

③ 먹이를 잡음 : 박쥐는 발 또는 입으로 쥐의 머리나 목을 잡는다.

④ 먹이의 처리 : 박쥐는 쥐를 잡은 후 0.5~1.5초 후에 원래 있던 곳으로 먹이를 물고 돌아온다. 그리고는 잡아온 먹이를 물어 찢어 죽인다. 쥐의 숨이 끊어지면 머리부터 뜯어 먹기 시작한다.

· 쥐를 포획하고 있는 유령박쥐. 유령박쥐는 주로 아프리카, 동남아시아, 오스트레일리아의 열대와 아열대 지역에 분포한다.

이렇게 사냥을 하는 과정을 관찰한 결과, 20회의 관찰 기록 중 17회에서 초음파가 검출되었다. 이로써 유령박쥐는 어둠 속에서 먹잇감이 내는 소리를 감지해 정확한 위치를 찾아내며 반드시 초음파를 이용하지 않더라도 먹이를 잡을 수 있음을 알 수 있다.

한편, 중앙아메리카의 멕시코 남부에서 볼리비아에 걸쳐 살고 있는 개구리잡이박쥐는 들을 수 있는 음역 주파수가 보통의 박쥐와는 조금 다르다. 이들은 박쥐의 반향정위 초음파의 주파수 영역과는 달리 5킬로헤르츠 영역의 소리도 들을 수가 있다. 이 낮은 주파수 영역은 개구리들이 큰 소리로 울 때 그 소리를 멀리서 들었을 때와 같은 주파수 영역이다.

· 낚시꾼박쥐가 물고기를 낚아채는 모습. 낚시꾼박쥐는 뒷다리
의 날카로운 발톱을 이용해 수면의 물고기를 낚아챈다.

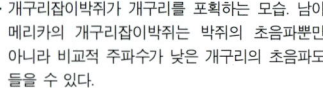

· 개구리잡이박쥐가 개구리를 포획하는 모습. 남아
메리카의 개구리잡이박쥐는 박쥐의 초음파뿐만
아니라 비교적 주파수가 낮은 개구리의 초음파도
들을 수 있다.

이 박쥐는 개구리의 수컷이 암컷을 유인하기 위해 우는 소리를
이용해 개구리의 위치를 찾아낸다. 외국 학자들의 실험에 따르면
이들 박쥐는 여러 종류의 개구리 소리를 동시에 들려주었을 때에
도 독이 있는 두꺼비 등 자신에게 위험을 줄 만하거나 잡아먹기
힘든 큰 개구리는 피할 수 있는 능력을 가지고 있다.

중남미의 박쥐 가운데 낚시꾼박쥐는 물고기를 주로 잡아먹는
특이한 식성을 가졌다. 이 박쥐는 갈고리 모양의 날카로운 발톱을
이용해 먹이를 잡는데, 물의 표면을 스치듯이 비행하면서 정확히
물고기를 낚아챈다.

이 박쥐는 잡은 물고기를 뒷다리에서 입으로 옮겨 먹는데 물고
기가 큰 경우에는 살고 있는 곳까지 옮긴 뒤 먹기도 한다. 가끔은
물고기를 날개막으로 감싸 옮기는 경우도 있다.

흡혈박쥐는 말 그대로 동물의 피를 빨아먹고 사는 박쥐이다. 중남미에 서식하는 단 3종류만을 찾아볼 수 있는데 흡혈박쥐, 흰날개흡혈박쥐, 털꼬리흡혈박쥐가 그것이다. 이 가운데 가장 잘 알려져 있는 박쥐가 흡혈박쥐이다. 이 박쥐는 체중이 30~40그램 정도인데, 많이 먹을 경우에는 한 번에 30시시(cc) 정도의 피를 먹는다. 이들 흡혈박쥐는 작은박쥐류에 속하지만 다른 박쥐들과는 달리 잘 날지를 못한다. 대신 땅위에서 뛰어오르거나 걷는 능력이 매우 뛰어나다.

· 흡혈박쥐가 돼지의 젖꼭지에 상처를 내어 피를 빨아먹고 있다.

흡혈박쥐는 사람들이 생각하는 것처럼 사람의 피를 빨아먹는 것은 아니다. 주로 잠자고 있는 가축에 뛰어올라 등 위에 앉은 뒤 면돗날 같은 앞니로 물어뜯어 상처를 낸다.

· 흡혈박쥐가 껑충껑충 뛰는 모습. 피를 빨아먹은 흡혈박쥐는 몸이 무거워서 날지 못하고 껑충껑충 뛰어서 달아나는데, 일반 박쥐와는 달리 땅에서도 어느 정도 뛸 수 있다는 점이 특징이다.

이 박쥐의 침에는 특수한 마취 성분과 피를 굳지 않게 하는 항(抗) 응고제 성분이 들어 있어, 피는 상처에서 계속 흘러나오지만 가축은 전혀 물린 줄도 모른다. 이 박쥐의 아랫입술은 피를 빨아먹기에 매우 편리하게 생겼다. 또 소화 기관도 피를 소화시키는 능력이 뛰어나다.

흡혈박쥐는 피를 빨기 시작한 지 몇 초 뒤부터 소변을 보기 시작한다. 빨아먹은 피의 대부분이 물로 이루어져 있으므로 많은 양의 물이 박쥐 뱃속에 들어가게 되면 몸이 무거워서 도망가기가 힘들어지기 때문이다.

7. 박쥐는 언제 먹이 사냥을 나갈까

필자가 조사해 본 바에 의하면 우리 나라 박쥐의 먹이 사냥 시간은 주로 밤중이다. 해가 떨어진 직후 한두 마리씩 동굴을 빠져나가기 시작해 한 시간 이내에 모든 박쥐가 동굴을 빠져나간다. 그리고 먹이를 잡아먹고 보금자리인 동굴로 돌아오는 시간은 새벽녘 해가 뜨기 전이다. 이 때도 역시 보금자리인 동굴로 한두 마리씩 차례로 돌아온다.

이렇게 박쥐는 해가 떨어진 직후부터 사냥을 나가기 때문에 여름철의 경우는 오후 8~9시의 늦은 밤 시간이 되고, 봄과 가을철에는 오후 6~7시경이다. 계절에 따라 먹이 사냥 시간이 다른 것이다.

우리 나라의 동굴에서는 관찰하기 힘들지만 말레이시아, 미국 등의 거대한 동굴에서는 수십만 마리의 박쥐가 먹이 사냥을 나갈

때 첫번째 박쥐부터 마지막 박쥐까지 나가는 데만 2~3시간이 걸리기도 한다. 이러한 장면은 마치 동굴 입구에서 거대한 연기가 하늘로 뿜어져 나오는 듯한 모습을 보여준다.

8. 박쥐 날개의 비밀

박쥐의 날개와 사람의 팔은 뼈의 수와 기능이 매우 유사하다. 이것으로 우리는 우리들의 팔이나 손과 같은 기관이 변해서 박쥐의 날개가 된 것을 알 수가 있다.

박쥐의 엄지손가락은 손가락 중에서 그 길이가 가장 짧은데, 끝에 손톱이 길게 나 있어 동굴 벽이나 바위 틈새를 기어다닐 때 또는 나뭇가지에 매달릴 때 아주 적합한 도구이다. 두번째 손가락부터 다섯번째 손가락은 얇은 피부막으로 연결되어 있으며 매우 길다. 두번째 손가락은 하나의 손가락뼈, 세번째 손가락은 세 개, 네번째 손가락과 다섯번째 손가락은 각기 두 개의 손가락뼈로 되어 있다.

날개막의 가장자리는 T형 연골이 손가락뼈와 날개막을 연결하

박쥐는 어떻게 어두운 동굴 안에서 해가 진 것을 알까

박쥐가 살고 있는 동굴 속에는 빛이 전혀 없기 때문에 해가 지고 뜨는 것을 감지할 수 없다. 그러나 박쥐들은 매일 어김없이 해가 진 후부터 동굴을 나가기 시작한다. 이것이 어떻게 가능한 것일까?

이는 박쥐뿐만 아니라 모든 생물체들은 나름대로 생체시계라는 것이 있어서 몸 속의 활동 주기를 조절하기 때문이다. 마치 우리들이 시계를 보지 않아도 점심 때나 저녁 때가 되면 배가 고프고, 일요일에도 평일과 같이 일찍 눈을 뜨게 되는 것과 같다.

필자가 관찰한 바에 의하면, 박쥐들은 해가 질 때쯤 생체시계의 작동에 의해서 한두 마리씩 잠에서 깨어나기 시작하여, 동굴을 나가기 몇십 분 전에는 전부 깨어나 동굴 속에서 날아다니기 시작한다. 이 때 먼저 깨어난 박쥐들 가운데 한두 마리가 동굴의 입구로 나와 해가 어느 정도 기울었는지를 확인하고 들어간다. 이것을 '조도 탐지 비행'이라고 하며, 이러한 행동이 몇 차례에 걸쳐 이루어지다가 해가 지면 곧바로 동굴을 빠져나가기 시작하는 것이다.

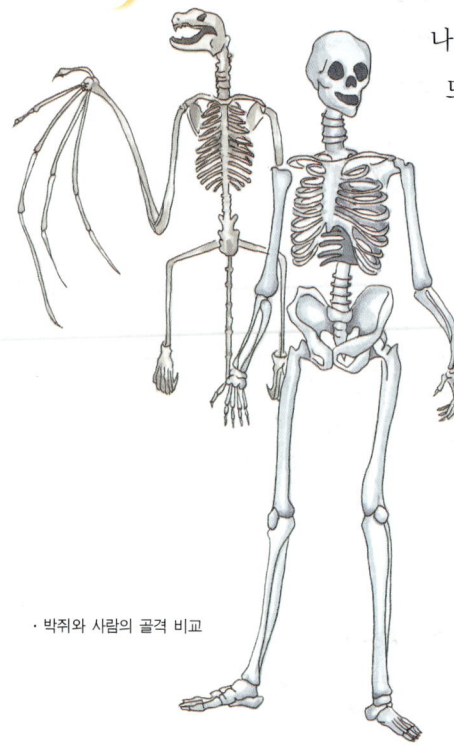

· 박쥐와 사람의 골격 비교

고 있다. 그리고 날개막은 몸통에서 늘어나 날개 끝과 다리까지 연결되어 있다. 또 두 다리 사이에도 꼬리막이 연결되어 있다.

우리 나라 박쥐의 대부분은 꼬리막 안에 꼬리가 들어가 있다. 1~5밀리미터 가량 꼬리가 나와 있는 종류들도 있으나, 우리 나라 박쥐 중에서 꼬리가 꼬리막 밖으로 완전히 나와 있는 박쥐는 큰귀박쥐뿐이다.

관박쥐는 애기박쥐과(科)의 박쥐보다 꼬리가 더 짧은데 쉴 때면 이것을 뒤로 접는다. 애기박쥐과의 박쥐는 배쪽으로 꼬리를 접고 있으며, 큰귀박쥐는 보통 꼬리를 늘어뜨린다. 꼬리막의 가장자리는 발목 관절과 연결된 뼈인 며느리발

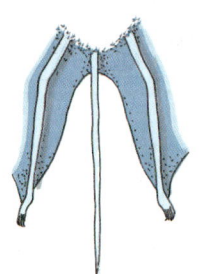
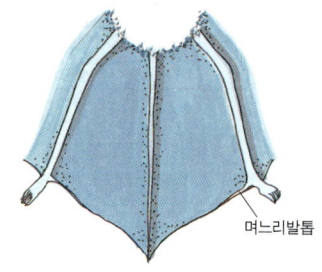

며느리발톱

· 큰귀박쥐의 꼬리(왼쪽)와 일반 박쥐의 꼬리 비교

톱에 의해서 연결, 지지된다.

꼬리막은 박쥐가 날아다니는 데 매우 중요한 역할을 한다. 꼬리막과 며느리발톱의 협동 작용으로 박쥐들은 좀더 정확하게 목표하는 지점에서 정지할 수 있는 것이다. 관박쥐와 집박쥐의 경우, 특히 며느리발톱에 연결된 작은 연골이 꼬리막 안에 연결되어 있어 꼬리막의 움직임을 더욱 자유롭게 조절할 수가 있다.

· 박쥐의 날개

날개막과 꼬리막은 얇은 피부 조직이다. 그 안에는 많은 혈관, 근육, 인대의 복잡한 구조로 되어 있다. 날개막과 꼬리막의 겉에 털이 돋아 있는 종류도 있다. 이 막은 신축성이 매우 뛰어나서 빠르게 날아다니는 도중에라도 자유롭게 날개의 형태와 각도를 변형시켜 정밀하게 비행하는 것을 가능하게 한다.

날개막의 또 다른 기능 가운데 하나는 박쥐가 날아다닐 때 몸에서 나오는 많은 열을 식혀주는 냉각판의 구실을 하는 것이다. 또 박쥐가 쉬거나 겨울잠을 잘 때면 막을 접어 몸을 감싸서 외부로 열이 손실되는 것을 최대한 줄여준다.

한편 박쥐의 팔 골격은 다른 동물들과는 달리 팔과 어깨뼈 사이에서 잠금쇠 역할을 하는 이중 관절 구조를 볼 수 있는데, 이것은 강한 공기의 저항에서 날갯짓을 충분히 조절할 수 있도록 도와준다. 이 이중 관절 구조에 의해 박쥐는 얇고 넓은 날개를 치켜들었을 때도 몸이 뒤집히지 않으며, 날개가 뒤로 꺾이는 상황도 방지하는 것이다. 토끼박쥐가 나는 모습을 고속으로 촬영해 보면 날개를 아래로 내릴 때 일어나는 상승 운동과 위로 올릴 때 일어나는 하강 운동이 연이어 진행되면서 박쥐의 몸이 위아래로 올라갔다 내려갔다 하는 물결 모양으로 비행하는 것을 확인할 수 있다. 반면에 관박쥐의 경우는 몸이 위아래로 움직이지 않고 일직선으로 비행을 한다.

· 겨울잠을 자고 있는 관박쥐. 날개막으로 온몸을 감싸고 있다.

본(T.A. Vaughan)의 연구 결과에 따르면, 박쥐의 날개막은 앞날개막, 손가락사이막, 몸통옆막, 꼬리막의 4개 부분으로 나눌 수 있는데 각 부위는 박쥐가 나는 데 각각 중요한 기능을 담당한다.

앞날개막은 어깨에서 손까지 연결된 막으로, 날개의 앞면에 걸쳐 있다. 이 막은 비행할 때 근육의 수축에 의해서 앞쪽언저리부분각(Leading edge)을 조절하는 작용을 한다. 손가락사이막은 둘째 손가락부터 다섯째 손가락 사이를 덮고 있는 막으로, 박쥐가 전진해 나아가는 데 필요한 추진력을 만들어낸다.

· 관박쥐가 나는 모습

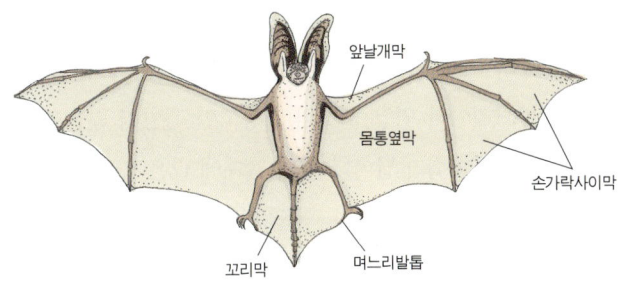

앞날개막

몸통옆막

손가락사이막

꼬리막

며느리발톱

· 박쥐의 날개 구조

몸통옆막은 박쥐의 몸통에서 다섯째 손가락까지를 연결하는 막으로, 뜨는 힘(양력)을 발생시키며 막의 굽은 정도에 의해서 이 힘을 조절한다. 꼬리막은 발과 꼬리 사이를 연결하는 막으로, 박쥐의 떠오르는 힘을 증가시키고 박쥐가 날다가 급정지하거나 급회전할 때 브레이크의 역할을 한다. 그래서 꼬리막을 제거하면 바쥐는 방향 전환을 못 하게 된다.

　우리 눈에 잘 보이진 않지만 이렇듯 정교하고 복잡한 과정을 거쳐서 날아다니는 박쥐의 날개는 새나 곤충과는 달리 수많은 가는 근(근육)섬유다발과 인대로 구성되어 있으며, 신축성이 있어 잘 늘어난다. 또 박쥐의 얇고 질긴 날개막은 박쥐의 몸무게도 가볍게 하여, 그 결과 박쥐는 나비처럼 부드럽고 정교하게 잘 날아다닐

· 토끼박쥐가 나는 모습

수 있게 되었다.

　박쥐의 가슴근육을 보면, 생쥐에 비해 세포에 에너지를 공급하는 미토콘드리아와 영양 물질의 저장고인 지방이 많음을 확인할 수 있다. 이는 박쥐가 날아다닐 때 날개에 많은 양의 에너지가 필요하기 때문이다.

　박쥐의 날개는 종류에 따라 그 길이와 폭의 비율이 다르므로 날개의 형태 또한 다양하다. 우리 나라 관박쥐의 날개는 나비의 날개와 같이 넓고 짧은 모양이어서 말 그대로 팔랑대며 숲속을 날아다닐 수 있다. 반면에 긴날개박쥐의 날개는 길고 폭이 좁아 마치 제비의 날개처럼 생겼으므로 숲, 강, 개천의 위를 매우 빠르게 날아다닌다. 또 큰발윗수염박쥐나 물윗수염박쥐는 중간 형태의 날개를 가졌기 때문에 나무 사이를 천천히 낮게 날아다니며 곤충을 잡아먹는다.

　날개의 모양에 따라 박쥐가 날아다니기에 좋은 곳이 각각 다르므로 먹이를 사냥하는 지역 역시 하나의 숲에서도 각기 다를 수밖에 없다. 긴날개박쥐는 숲의 위쪽, 그리고 하천에 걸친 넓은 지역에서 먹이를 구하고, 흰배윗수염박쥐는 숲의 가운데층에서 위층에 이르는 공간에서 먹이를 구하러 날아다닌다. 관코박쥐는 숲의 가운데층에서 먹이를 구한다. 숲의 아래층은 관박쥐와 큰발윗수염박쥐의 차지이다. 이들은 빽빽하게 자란 관목과 작은 가지들 사이를 누비며 먹이를 찾는다.

9. 박쥐는 왜 거꾸로 매달려 살까

우리들이 박쥐를 상상할 때 흔히 떠오르는 생각 중의 하나가 '박쥐는 거꾸로 매달려 사는 동물'이라는 것이다. 실제로 흡혈박쥐를 제외한 대부분의 박쥐는 다른 동물과는 다르게 발로 걷거나 뛰지 못한다. 발은 동굴 벽이나 나뭇가지에 매달려서 쉬거나 잠을 자는 데만 주로 사용된다. 그러므로 박쥐는 발에 의지해 거꾸로 매달려 배설도 하며 새끼까지 분만하는 특이한 생태를 보인다.

박쥐가 거꾸로 매달려서 사는 이유는 정확하게 밝혀져 있지 않으며 다만 다음과 같이 추측하고 있을 뿐이다.

박쥐가 날기 위해서는 체중을 최대한 줄이는 것이 유리하다. 따라서 나는 데 별다른 쓸모가 없는 다리의 무게를 줄이는 과정에서 많은 근육들이 없어지고 힘줄만 남게 되었을 것이다. 날씬해진 다리와 발로 인해 날아다니는 데는 좋아졌지만 힘줄만 남아 있으므로 다리를 제대로 쓸 수는 없게 되었다. 따라서 박쥐는 다리에 힘이 들어가지 않고도 몸을 지탱하는 방법으로 거꾸로 매달리기를 선택하게 되었을 것이다. 이는 뛰어난 기계체조 선수가 상체에 비해 하체가 날씬한 것과 같은 이치이다.

박쥐의 다리는 힘줄로만 되어 있으므로 근육이 붙은 다리와는 달리 오래 매달려도 전혀 힘이 들지 않는다. 특히 박쥐

박쥐도 새처럼 땅위를 걸어다닐 수 있을까

필요 없는 체중을 줄이기 위해 다리의 근육이나 뼈를 퇴화시켰기 때문에 박쥐는 땅에서는 걷지 못하고 날개를 사용해 기어다닌다. 그러나 흡혈박쥐는 많은 양의 동물 피를 빨아먹은 뒤에 껑충껑충 뛰어서 달아난다.

의 발에는 특수한 잠금 장치가 되어 있다. 다른 젖먹이 동물과는 달리 박쥐의 발은 앞이 아닌 뒤쪽을 향하고 있기 때문에 박쥐가 발에서 힘을 빼든 들이든 상관없이 언제나 자연스럽게 체중이 내리누르는 힘에 의해 발톱으로 동굴 벽에 매달려 있을 수 있다. 이 잠금 장치 때문에 박쥐는 죽어서도 매달려 있을 수가 있다. 간혹 동굴에서 거꾸로 매달린 채 죽어 있는 박쥐를 목격할 수 있는 것도 이 때문이다.

박쥐의 다리는 다른 젖먹이 동물들과는 달리 무릎 관절의 회전성이 크다. 따라서 동굴 벽에 매달린 채 몸을 돌려 주변을 살펴볼 수도 있다. 그만큼 회전 운동이 자유롭다는 뜻이다.

거꾸로 매달리는 행동은 박쥐에게서만 볼 수 있는 것은 아니다. 박쥐와 친척 관계에 있는 말레이박쥐원숭이와 필리핀박쥐원숭이도 종종 나무에 거꾸로 매달려서 먹이를 먹는 것이 관찰된다. 이를 통해 박쥐가 거꾸로 매달리는 행동은 나무 위에서 생활하던

· 거꾸로 매달린 채 죽어 있는 관박쥐. 발의 잠금 장치에 의해 박쥐는 죽어서도 매달려 있을 수 있다.

· 동굴 벽에 매달려 있는 관박쥐의 발 모습.

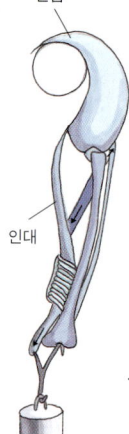

발톱

인대

· 거꾸로 매달리는 데 중요한 역할을 하는 박쥐의 발 구조. 박쥐의 체중이 인대를 통해 전달되어 세게 잡아당기게 되므로 발톱이 매달리는 곳을 꽉 잡게 한다. 그림의 추는 박쥐의 체중을 표시한 것이다.

시기로부터 이어받은 독특한 생활 양식이라고 추측할 수 있다.

또한, 박쥐의 심장과 혈관의 구조는 거꾸로 매달리는 데 유리하게 진화되어 있어 거꾸로 매달려 있어도 혈액이 머리로 모여들지 않는다. 그러므로 오랫동안 매달려 있어도 머리가 무거워지거나 어지러워지는 증세는 없다.

10. 제2의 눈, 초음파

박쥐 가운데 큰박쥐류는 대부분 과일, 꿀, 꽃가루 등을 먹는 식과성(또는 채식성) 동물이다. 해가 완전히 지기 전에 큰 눈으로 사물을 보면서 날아다니기 때문에 다른 젖먹이 동물과 비슷한 먹이 사냥 체계를 가진다. 이들의 눈은 약한 빛으로도 물체의 식별이 가능한 특수한 구조로 되어 있다.

그러나 대부분의 박쥐가 속해 있는 작은박쥐류는 어둠 속에서 주로 활동하고 사냥하므로 시각에 의존하지 않고 사냥을 해야 한다. 그래서 고유한 사냥법으로 초음파를 활용하게 되었다.

박쥐가 초음파를 이용해서 물체의 위치를 파악하는 메커니즘을 반향정위(反響定位)라고 한다. 주파수가 높은 소리인 초음파를 내고 그 음파가 물체에 부딪혀 되돌아오는 것을 감지해서 물체의 위치를 파악하는 방법이 그것이다.

초음파를 사용하는 박쥐는 눈이 작고 망막에는 색을 감지하는 세포가 부족하다. 그러나 시각 대신 청각은 매우 발달하였다. 예를 들면, 초음파를 더 잘 모아 듣기 위해 박쥐의 귓바퀴는 매우 커졌다. 귓바퀴에는 스피커처럼 굴곡이 만들어져 있는데 이런 모양새는 소리를 가운데로 모은다. 또 귀의 입구에는 '이주(耳珠)'라는 작은 안테나 역할을 하는 기관이 있다. 귓바퀴를 움직이는 근육도 잘 발달되어 있어 소리가 나는 곳의 위치나 자신이 낸 초음파의 방향을 찾아 아주 조금씩 정밀하게 움직일 수 있다.

뿐만 아니라 작은박쥐류의 박쥐는 대부분 주둥이가 돌출되어 있지 않지만 관박쥐는 코 주위에 비엽(鼻葉)이라 불리는 복잡한 피부 주름을 가지고 있어 그 곳에서 초음파를 발생시키고 증폭시키는 역할을 한다. 관박쥐는 사람과 달리 코가 단단한데, 이것은 점막처럼 부드러운 조직에서는 초음파가 현저하게 흡수되기 때문에 코로 초음파를 내보내는 박쥐의 경우 코 점막이 퇴화해 딱딱한 코로 변한 것으로 생각된다.

한편 박쥐는 목 관절이 매우 잘 움직인다. 그래서 거꾸로 매달린 채 머리를 들어올리거나 돌리는 동작도 가능하다. 간혹 동굴에서 박쥐가 거꾸로 매달린 채 머리를 치켜들고 목을 천천히 움직이는 모습을 관찰하게 되는데, 이런 행동은 박쥐가 장소를 이동할 때 항상 하는 행동이다. 이는 박쥐가 주변 상황을 살펴보기 위해 돌아가면서 주위에 초음파를 발사하는 것이다.

· 관박쥐가 날아오르기 직전에 머리와 몸을
돌려 초음파를 쏘아 주위를 살펴본다.

11. 박쥐는 초음파를 어떻게 사용할까

박쥐가 내는 초음파는 17~20킬로헤르츠에서 200킬로헤르츠까지로 주파수가 매우 높아 사람이 들을 수 없다. 음의 길이는 0.0025밀리초(ms)에서 수십 밀리초 정도이다.

그렇다면 박쥐는 실제로 사냥하는 동안 초음파를 어떻게 사용할까? 보통 주파수 파장의 반복은 포획 과정까지 포함해 다음의 3단계로 나눌 수가 있다.

① 탐색 : 1초에 약 10회 정도 규칙적으로 초음파의 파장을 쏘아 보낸다. 박쥐가 초음파를 발사하는 동안 가장 적게 에너지를 소모하는 단계이다.

② 접근 : 초음파의 파장을 120~200회/초의 비율로 쏘아 보낸다. 주로 사냥감의 위치와 정확한 거리에 대한 정보를 얻는 단계이다.

③ 포획 : 초음파의 파장을 120~200회/초의 비율로 쏘아 보낸다. 사냥감에 대한 보다 정밀한 정보를 얻으면서 사냥감을 최후로 추적해서 잡는 단계이다.

박쥐가 사용하는 초음파는 두 종류이다. 첫째는 '일정 주파수형(Constant frequency, CF형)'으로, 주파수가 일정한 음파가 수십 밀리초 동안 계속되는 것

도플러 효과란?
도플러 효과(Doppler effect)는 1842년 오스트리아의 물리학자 도플러(Christan Doppler)가 발견하였다. 이것은 파원(波源)에 대하여 상대 속도를 가진 관측자에게 파동의 주파수가 파원에서 나온 수치와는 다르게 관측되는 음향 현상을 말한다. 예를 들어 기차가 서로 다가올 때 상대 기차의 소리는 크게 들리고 서로 멀어질 때는 그 소리가 낮게 들리는 것과 같은 원리이다. 이는 음파 이외의 파동에서도 볼 수 있다. 이것을 이용하면 물체의 속도와 거리 등을 쉽게 측정할 수가 있다.

이다. 이 형은 먹잇감인 곤충의 위치와 종류를 알아내는 데는 미흡하지만, 초음파가 곤충에 부딪혔다가 되돌아올 때 생기는 '도플러 효과'에 의해 곤충의 이동 속도를 알아내는 데는 아주 효과적이다. 우리 나라에서는 관박쥐만이 이러한 주파수를 사용한다.

둘째는 '주파수 변조형(Frequency modulated, FM형)'으로, 주파수가 일정치 않은 음파가 몇 밀리초 간격으로 짧게 반복되는 것이다. 이는 곤충의 위치와 크기 등을 알아내는 데 아주 효과적이다.

박쥐가 내는 초음파를 우리들이 직접 들을 수는 없지만 '박쥐 검출기(bat detector)'라는 장비가 개발되어 있어 이를 감지할 수 있다. 이 기계를 쓰면 밤하늘을 날아다니는 박쥐들의 종류를 쉽게 알아낼 수가 있다.

박쥐의 초음파를 방해하는 나방

대부분의 박쥐들은 주로 나방이나 모기 등의 곤충을 잡아먹는다. 그런데 일부 나방들의 경우에는 박쥐에게 잡히지 않을 수 있는 그들만의 생존 방법을 발달시켜 왔다. 몇몇 종류의 나방들은 졸망박쥐속(屬) 박쥐들의 반향정위 주파수를 40미터 정도 떨어진 거리에서도 감지할 수 있는 능력을 지니고 있다. 흰불나방(Chrysopa carnea) 종류가 그 대표적인 곤충이다. 박쥐가 초음파를 발사하면 나방은 즉시 자신의 날개 밑에 있는 초음파 감지 기관으로 이를 감지하고 날개를 더욱 세차게 흔들면서 방해 전파를 보낸다. 그러면 박쥐는 정확한 목표물의 위치 파악이 어렵게 된다. 이 때 나방은 재빨리 날아가던 방향을 바꾸거나 갑자기 급강하·급선회 하는 등의 방법을 사용하여 박쥐의 초음파로부터 벗어나는 것이다. 이렇게 다양한 방법을 통해 나방들이 위기를 면하기는 하지만 그래도 박쥐에서 벗어날 수 있는 확률은 약 40퍼센트 정도이다. 이러한 방법 외에도 흰불나방과(科)의 몇몇 나방들은 좀더 적극적인 방법을 사용한다. 박쥐의 초음파를 방해하는 초음파를 발사하여 박쥐에서 달아나는 것이다. 그러나 이 초음파가 단순히 박쥐의 초음파를 방해하는 것인지 아니면 자신이 맛이 없거나 독을 가진 나방이라는 신호를 보내는 것인지는 아직까지 알려져 있지 않다.

12. 박쥐도 겨울잠을 잘까

보통의 젖먹이 동물들은 사람과 같이 몸의 온도가 일정한 항온 동물이지만 박쥐는 이와 다르게 계절에 따라 체온이 변하는 이온(異溫) 동물이다. 그렇다면 젖먹이 동물인 박쥐가 왜 이온성을 갖게 되었을까? 아마도 박쥐의 먹이인 곤충이 겨울잠을 자니까 먹이가 없는 겨울에는 박쥐도 같이 겨울잠을 잘 수밖에 없지 않았을까? 그래서 박쥐는 스스로 자신의 체온을 낮추어 아주 적은 양의 에너지만을 가지고 겨울을 보내게 되었으리라 추정된다. 활동기(겨울잠에서 깨어나는 4월 초부터 10월 말까지) 때 박쥐의 몸의 온도는 40도 정도로 사람들보다 높기 때문에 우리들이 손으로 만졌을 때 매우 따뜻한 것을 알 수가 있다. 그러나 날씨가 추워져 주위의 온도가 내려가게 되면 박쥐들은 체온을 스스로 조절한다.

주위 온도가 0도일 때 박쥐의 기초 대사율(산소 소비량)은 $0.1cm^3/O_2/g/hr$(체중 1g당 1시간 동안의 산소 소비량이 $0.1cm^3$)이다. 이 정도의 에너지 소비는 박쥐가 날아다닐 때 소비하는 에너지의 약 257~358분의 1 정도밖에 되지 않는다. 이것을 심장 박동수와 연관하여 보면, 졸망박쥐의 경우 날기 전 평균 심장

· 겨울잠을 자고 있는 관박쥐 무리.

· 한 동굴 내에서도 박쥐 종류에 따라 서로 다른 위치에서
  겨울잠을 잔다.

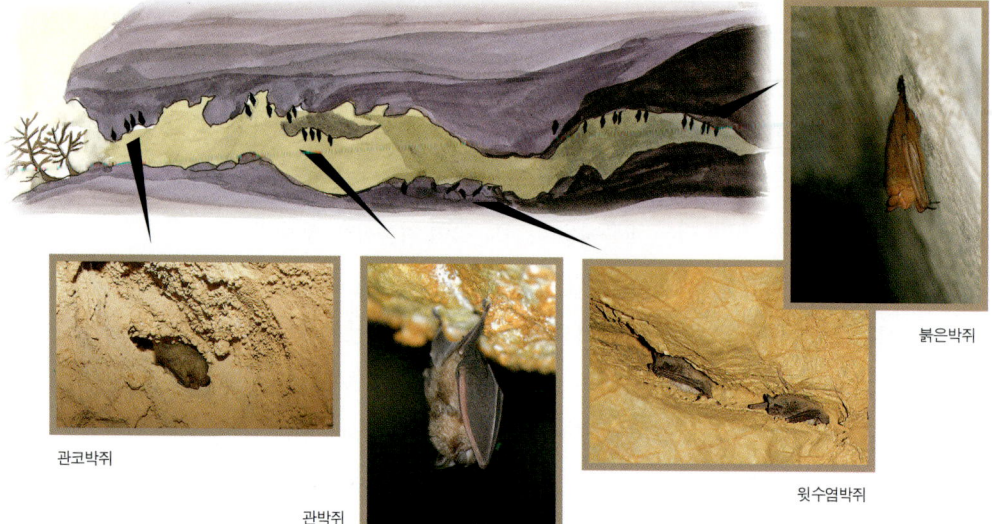

관코박쥐

관박쥐

윗수염박쥐

붉은박쥐

박동수는 1분에 420~490회 정도이나 날아다닐 때는 970~
1,097회까지 증가한다. 그러나 박쥐가 겨울잠에 들어가면 주변
온도가 섭씨 5도일 경우 1분에 약 42~67회까지 떨어지는데, 이
때 다른 젖먹이 동물들과는 달리 생리적인 변화가 심하게 나타나
는 것을 알 수 있다. 즉 박쥐는 생존에 필요한 최소한의 에너지만
을 사용하면서 긴 겨울을 보내는 것이다.

　박쥐는 겨울잠을 자는 장소를 선택할 때 너무 춥지도 않고 덥지
도 않은 곳을 선택하게 된다. 너무 추운 장소는 얼어죽게 되고 너
무 따뜻한 곳은 박쥐의 신진대사를 왕성하게 하여 에너지 소비가
많아지기 때문이다. 그래서 박쥐들은 겨울잠이 시작되는 시기에

는 주로 동굴의 입구 쪽에서 지내다가 바깥 날씨가 더욱 추워지거나 깨어날 때가 가까워질 때쯤이면 좀더 따뜻한 동굴의 안쪽으로 이동해서 겨울잠을 잔다.

한편 같은 동굴 안에서도 박쥐의 종류에 따라 겨울잠을 자는 위치가 다른 것을 알 수 있다. 검은집박쥐와 관코박쥐는 항상 동굴 입구 가까이의 바위 틈이나 구멍에 들어가서 겨울잠을 잔다. 특히 검은집박쥐의 경우 하나의 구멍에 두 마리가 들어가 겨울잠을 자는 경우를 간혹 관찰할 수가 있다. 그리고 굴의 맨 안쪽에는 주로 붉은박쥐가 겨울잠을 잔다. 이와 같이 겨울잠을 자는 위치가 종에 따라 다른 것은 각 종들의 생리적인 차이에 의한 것이라 생각된다.

박쥐의 낮잠

박쥐 조사를 가게 되면 간혹 겨울철이 아닌 활동기 때에도 깊은 잠에 빠져 있는 박쥐들을 목격하게 되는데 이 박쥐들을 만져보면 몸이 매우 차갑다. 이와 같이 박쥐들이 활동기 때에도 낮잠을 자는 현상을 '일일숙면(daily torpor)' 이라고 한다. 이것은 낮에 휴식중에도 체온을 낮추어서 에너지 소비량을 줄이기 위한 것이라 생각된다. 우리 나라의 박쥐들은 겨울잠에 들어가기 전인 8~10월에 많은 곤충을 잡아먹는데, 겨울을 나기에 충분한 먹이를 섭취하지 못한 극소수의 박쥐들이 아마도 이런 방법을 택하는 것으로 보인다. 일일숙면의 시간을 늘려서 하루 중 에너지 소비를 최대한 줄인다면 겨울철에 사용할 에너지원인 지방을 많이 축적할 수 있을 것이다. 이러한 일일숙면 현상은 9, 10월에만 일어나는 것이 아니라 활동기 때 며칠 동안 날씨가 좋지 않아 곤충을 잡아먹지 못했을 경우에도 일어난다. 한편 열대 지방의 경우에는 무더운 여름철에 에너지의 소비를 줄이기 위해서 겨울잠과 비슷한 잠을 자게 되는데 이것을 '여름잠' 이라고 한다.

13. 몇 달 동안 아무 것도 먹지 않고 어떻게 겨울잠을 잘까

우리 나라의 박쥐들이 겨울잠을 자는 기간은 대개 11월 초부터 이듬해 3월까지 약 다섯 달 정도이다. 반면에 열대 지방에 사는 박쥐의 경우 겨울잠을 자지 않으며, 추운 지방일수록 겨울잠을 자는 기간이 더 길어진다. 어떻게 그렇게 오랫동안 아무 것도 먹지 않고 살 수 있는 것일까? 생존에 필요한 에너지는 도대체 어디에서 나오는 것일까?

겨울잠을 자고 있는 박쥐들을 조사해 보면 등과 가슴 부위, 생식기 주위에 형성된 기름덩어리(지방)를 볼 수가 있다. 겨울잠 초기인 11월에는 이 지방이 어깨, 가슴, 배, 생식기의 주위에 많이 있지만, 겨울잠이 끝날 때쯤이면 몸의 곳곳에 퍼져 있던 지방들은 흔적도 없이 사라진다. 이것으로 보아 지방이 박쥐의 겨울잠에 필요한 에너지원임을 알 수 있다.

박쥐의 지방에는 갈색 지방과 백색 지방이 있다. 백색 지방은 지방세포로 이루어져 있으며 주로 체내 대사 과정의 에너지원으로 사용된다. 이에 반해 갈색 지방은 '동면샘'이라고도 하는데, 겨울잠을 자는 젖먹이 동물에게는 대부분 잘 발달해 있다. 특히 박쥐는 갈색 지방이 많이 발달해 있어 주로 열 생산에 사용된다. 따라서 낮은 체온 상태에서 겨울잠을 잘 때 적당한 체온을 유지하고, 겨울잠에서 깨어나 눈을 뜨고 움직이기 시작하는 시기(각성기)가 가까워질 때 체온을 빨리 올리는 작용을 하기도 한다.

겨울잠을 자는 기간은 박쥐에게 아주 위험한 시기이다. 물론 겨울 내내 한자리에서 전혀 움직이지 않고 겨울잠을 자는 것은 아니다. 겨울잠을 자는 중에도 약간의 움직임은 있다. 마치 사람이 잠을 잘 때 몸을 뒤척이거나 하는 것과 같이 조금의 운동이 뒤따라야 생명을 유지할 수 있는 것이다. 이러한 약간의 움직임은 박쥐의 근육 운동에 있어 절대적이다. 만일 오랫동안 근육의 움직임이 없다면 근육 마비가 와서 필경 박쥐는 꼼짝없이 그 자리에서 죽게 될 것이다.

또 박쥐는 동굴의 온도와 습도가 겨울잠 초기와 달라서 적당하지 못하다거나 수분이 꼭 필요할 때 좀더 적합한 환경을 찾아 이동을 하기도 한다. 그런데 이 때 박쥐가 각성하는 데는 수분에서 수십 분의 시간이 필요하기 때문에 적의 침입에 대해 즉각적인 대응을 하지 못한다.

굴 입구의 방향이나 이에 따른 온도와 습도의 차이로 인해 조금씩 장소가 다르기는 하지만 긴날개박쥐의 경우에는 대체로 여러 마리가 모여서 겨울잠을 잔다. 그리고 관박쥐는 동굴의 입구에서부터 깊숙한 곳까지 다양한 장소에서 겨울잠을 자는데, 여러 마리가 모여 겨울잠을 자기도 하고 한 마리씩 떨어져서 자기도 한다. 한 마리씩 떨어져서 겨울잠을 잘 경우에는 체온 유지(보온)를 위해 날개로 몸을 완전히 덮고서 지

· 관박쥐가 한 마리씩 떨어져서 겨울잠을 자는 모습.

· 관박쥐 여러 마리가 군집을 형성하여 겨울잠을 자는 모습.

내지만, 여러 마리가 모여서 겨울잠을 잘 경우에는 날개로 몸을 감싸지 않고 서로 가슴을 열어 상대편과 몸을 부착시킨 상태로 겨울잠을 잔다. 이는 얼어죽지 않을 정도에서 자신들의 체온을 낮게 유지시켜 활동 에너지를 최소화하기 위한 방법이다. 또 붉은박쥐의 경우에는 동굴 가장 안쪽의 습도와 온도가 높은 곳을 찾아서 한 마리씩 또는 몇 마리가 붙어서 겨울잠을 잔다.

겨울잠을 자고 있는 박쥐의 몸에 물방울이 맺힌 것을 종종 볼 수 있는데 왜 그럴까

박쥐 조사를 하다 보면 물이 흐르는 동굴의 벽면이나 구멍 속에서 박쥐의 등에 물방울이 맺혀 있거나 몸을 감싼 날개가 젖어 있는 경우를 종종 볼 수 있다. 이것은 박쥐가 겨울잠을 자는 중에 몸 표면에서 수증기가 증발해서 몸이 건조해지는 것을 방지하기 위한 것으로 여겨진다. 그래서 이러한 종류의 박쥐들은 대개 물기가 많거나 물이 흐르는 곳을 찾아서 겨울잠을 잔다.

· 겨울잠을 자고 있는 물윗수염박쥐의 몸에 물방울이 맺혀 있다.

14. 박쥐 연구는 어떻게 할까

박쥐의 생태를 연구하는 것은 조류나 다른 젖먹이 동물을 연구하는 것보다 무척 힘이 든다. 박쥐는 주로 밤에 활동하는 데다가 박쥐가 주로 생활하는 장소인 동굴은 어둡고 위험해 사람이 들어가서 조사하기가 매우 어렵기 때문이다. 게다가 박쥐의 몸은 아주 작아서 동굴 안에서 찾아내기도 어려우며, 날아가는 것만 보고 어떤 종류인가 알아내는 것도 쉽지가 않다.

최근 새로운 장비들이 개발되면서 초소형의 무선 추적 장치, 형광 페인트 등의 발달된 방법이 사용되고는 있으나 아직까지는 전통적인 가락지 방법이 주로 쓰이고 있다. 각각의 고유 번호가 적혀 있는 가락지(ring)를 박쥐의 날개에 달아주고 놓아주었다가 다시 잡아서 번호를 기록하는 방법이다. 이 방법을 통해 박쥐들의 평균 수명과 최고 수명, 이동 거리 등 박쥐의 행동과 생태를 알아낼 수 있다.

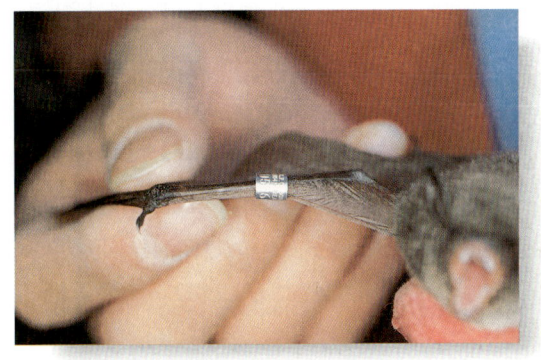

· 가락지를 달고 있는 긴날개박쥐.

필자도 20여 년 전에 경남 마산의 한 폐광에서 가락지를 이용해 박쥐의 이동을 연구하기도 했으며, 15년 전에는 경남 남해 지방에서 같은 방법으로 연구를 진행해 어느 정도의 성과를 거두기도 했다. 현재도 박쥐들의 생태를 연구하기 위해 박쥐들에게 가락지를 달아주는 방법을 계속해서 사용하고 있다.

15. 박쥐에게도 가족이 있을까

다른 젖먹이 동물들이 한 마리씩 또는 소규모의 가족 단위로 먹이를 구하고 이동하며 새끼를 낳아 기르는 것과는 달리 박쥐는 수백에서 수천, 수만 마리씩 모여 집단으로 생활하는 종들이 많다. 이들 종은 자신이 살고 있는 집단 내에서 배우자를 만나 새끼를 낳고 기르며 살아간다.

박쥐의 사회 구조에 대한 연구는 알려진 바가 별로 없지만 우리 나라의 박쥐를 관찰해 본 결과 다음과 같은 사실을 알아낼 수 있었다.

우리 나라에 살고 있는 박쥐 가운데 가옥이나 삼림에 서식하는 박쥐들을 제외하고는 대부분이 동굴에 서식하고 있다. 동굴에 서식하는 박쥐는 여러 마리가 집단으로 이동하고 먹이를 찾으면서 행동을 같이 한다.

대부분의 온대산 박쥐는 암컷이 새끼를 낳아 키우는 동안에는 암컷들만이 큰 집단을 이루며 생활하지만 우리 나라 박쥐는 포육기에도 한 동굴에서 암수가 같이 생활하는 것이 대부분이다. 아마도 외국에 비해 우리 나라 동굴의 수나 크기, 동굴 주변의 먹이의 상태가 빈약하기 때문이 아닌가 싶다. 그래서 먹이를 구하고 서식하기에 적합한 동굴을 찾기가 어렵기 때문에 암수가 한 동굴을 사용하는 것으로 생각된다. 반면에 긴날개박쥐의 경우 짝짓기 후 또는 겨울잠 자는 시기에는 암수가 각각 다른 장소에서 생활하는 것이 특징적이다.

대부분의 우리 나라 박쥐들은 9~10월에 짝짓기를 하고 11월 즈음에 겨울잠에 들어간다. 그리고 이듬해 7~8월경에 새끼를 낳는데, 집박쥐와 안주애기박쥐를 제외하고는 대부분 한 번에 한 마리의 새끼만을 낳는다.

분만의 과정은 특히 박쥐에게는 매우 위험하고 고통스러운 과정이다. 집박쥐의 경우에는 분만시 머리가 위로 향하도록 동굴 벽에 매달려서 새끼를 낳는다. 그러나 관박쥐의 경우에는 분만시에도 거꾸로 매달려서 새끼를 낳는 것을 알 수 있다. 또 필자가 관찰한 바에 의하면 우리 나라의 박쥐들은 대부분 낮에 출산하는 것을 알 수 있었다.

새끼박쥐(어린 박쥐)의 성장은 매우 빨라서 처음에는 털도 없고 날지도 못하지만 태어난 지 한 달 정도만 지나면 어미와 거의 같은 크기가 된다. 그래서 겨울철에 겨울잠을 자는 박쥐를 관찰하게 되면 모든 개체의 크기가 비슷한 것을 알 수 있다.

또 박쥐의 날개에 가락지를 달아 조사하면 그 이동 거리와 수명을 알 수 있는데, 이런 방법으로 관박쥐의 경우 10년 이상 생존하고 있는 것을 알 수 있었으며 우리 나라 박쥐가 귀소성이 매우 강하다는 것도 알 수 있었다.

한편 겨울잠 시기나 포육기에 종종 다른 종들이 모여서 같이 군락을 이루고 있는 경우도 관찰할 수가 있었는데, 포육기에 물윗수염박쥐와 큰발윗수염박쥐는 한 동굴 내에서도 각기 다른 위치에서 생활하는 모습을 보이며, 긴날개박쥐와 관박쥐, 또는 긴날개박쥐와 흰배윗수염박쥐 등이 한 동굴에서 함께 생활하는 모습을 보이기도 한다.

16. 박쥐 사회에도 위계 질서가 있을까

몇 종을 제외하고 동굴에 사는 대부분의 박쥐들은 몸을 서로 밀착한 채로 겨울잠을 잔다. 이는 수분이 증발되는 것을 막고 체온을 조절하기에 더 유리하기 때문이다. 특히 긴날개박쥐는 항상 집단으로 생활하는데 집단 생활의 경우 외적에 대항할 수 있는 능력이 강하기 때문이라고 알려져 있다. 그런데 이렇게 모여 사는 박쥐 사이에도 위아래의 위계 질서가 있을까?

분명히 집단으로 생활하는 박쥐들 사이에는 자신의 집단을 이끌어 나갈 지도자가 필요하다. 우리 나라의 박쥐에 대해서는 아직 연구된 바가 없지만 외국의 연구에 의하면 박쥐들도 다른 젖먹이 동물과 마찬가지로 자신의 영토를 지키는 행동을 하는 것으로 알려져 있다. 즉 자신의 영토에 침입한 수컷에 대해서는 공격적인 행동으로 쫓아내지만 암컷에 대해서는 대단히 우호적이다. 또한 소변이나 체액을 묻혀 자신의 영역을 표시하기도 한다.

박쥐들끼리도 서로 친한 종류가 있을까

박쥐들끼리도 서로 친한 종류가 있어서 다른 종끼리 한 동굴에 사는 것을 볼 수 있다. 예컨대 큰발윗수염박쥐의 경우는 흰배윗수염박쥐, 긴날개박쥐, 관박쥐, 물윗수염박쥐 등과 친하여 이들 박쥐들이 사는 곳에 끼어들어가 살기도 한다. 특히 큰발윗수염박쥐와 물윗수염박쥐는 우리 나라 박쥐들 중에서 가장 우애가 좋다고 볼 수 있다. 이들 박쥐의 친소 관계를 도표로 나타내보면 다음과 같다.

```
긴꼬리윗수염박쥐      긴날개박쥐
     ↑                    ↘
물윗수염박쥐  ⇄  큰발윗수염박쥐  →  흰배윗수염박쥐
                      ↓
                   관박쥐
```

한편 여러 종류의 박쥐가 함께 생활한다는 것은 그들이 비교적 사이가 좋다는 것을 뜻한다. 그 이유는 먹이의 차이 때문이라고 생각되는데 관박쥐는 입이 커서 딱정벌레나 큰 나방 같은 딱딱한 먹이를 많이 먹고, 집박쥐나 윗수염박쥐는 모기나 작은 나방을 주로 잡아먹는다. 즉 박쥐의 종류에 따라 잡아먹는 먹이의 종류가 다르기 때문에 한 동굴에서 여러 종류의 박쥐가 함께 생활하는 것이 가능한 것이다.

17. 박쥐는 왜 이사를 다닐까

다른 젖먹이 동물들이 자신의 행동권인 특별한 영역을 가지고 정해진 곳에서 사는 데 반해 박쥐는 겨울잠 장소라든가 짝짓기 장소, 혹은 새끼를 낳고 키우는 장소 등 한 해에도 여러 동굴을 바꿔가면서 생활을 한다. 이렇게 박쥐가 여러 동굴을 이동해 다니는 이유는 무엇일까?

우선 계절에 따라 먹이의 종류가 다른 것도 그 이유가 될 것이다. 초여름에는 작은 나방류가 주종을 이루며 늦여름에는 갑충류가 주종을 이룬다. 그래서 시기별로 먹이가 풍부한 곳을 찾아서 이동하는 것이다. 또 새끼를 낳고 기르는 등의 생활 변화에 따라 그에 적당한 온도와 습도를 가진 동굴이 필요하기 때문이기도 하다. 우리 나라에서는 일부 특정 대형 동굴의 경우 일 년 내내 박쥐가 동굴 내에서 사는 위치를 바꾸어가면서 생활하는 경우도 있다. 그러나 전체 박쥐들에 관한 우리 나라의 구체적인 연구 결과는 아직 없다.

외국의 연구 결과를 보면, 관박쥐와 큰발윗수염박쥐의 경우 보통 30킬로미터 정도 이동을 하며, 긴날개박쥐는 40~45킬로미터 정도를 이동한다고 한다. 그러나 이것도 지역에 따라 달라서, 긴날개박쥐가 70킬로미터 정도의 이동 반경을 가지는 경우도 있다. 최대 이동 거리는 일본산이 190킬로미터, 유럽산이 550킬로미터 정도라고 알려져 있다. 미국의 연구 자료에 의하면 멕시코자유꼬리박쥐의 경우 1,300킬로미터까지도 이동한다고 알려져 있다.

박쥐들은 귀소성이 매우 뛰어나다. 일본에서는 230킬로미터 정도 떨어진 곳에서도 자신의 서식지로 찾아온 기록이 있다. 그러나 이러한 이동은 장기간에 걸쳐서 이루어진 것이다. 필자의 실험에 의하면 박쥐의 하루 이동 거리는 몇 킬로미터에 불과한 것 같다.

대개 박쥐들은 자신의 힘으로만 이동을 하는 것이 아니라 바람이나 태풍 등에 의해서도 이동을 하는 것으로 알려져 있는데 일본의 쓰시마에서 발견된 붉은박쥐의 경우 한국에서 날아간 것이 아닌가 추측된다.

도와주세요!

여러분들 집의 처마 밑이나 집으로 날아드는 박쥐, 혹은 폐광 같은 동굴에 살고 있는 박쥐를 발견하시게 되면 아래 연락처로 연락 주세요. 박쥐가 처마 밑이나 천장 안에 살게 되면 배설물 때문에 약간의 냄새가 날 수도 있는데 혹시 박쥐가 병균을 옮기는 것은 아닌가 염려하시는 분도 있을 것입니다. 하지만 절대로 박쥐의 출입구를 막아버리거나 살충제 등을 사용하여 죽이지는 마시고, 연락 주시면 박쥐를 다른 안전한 곳으로 이사시켜 여러분에게 피해가 되지 않도록 조치를 해드리겠습니다. 여러분의 관심과 사랑만이 우리 나라의 박쥐들이 영원히 이 땅을 지키며 살아갈 수 있게 할 것입니다.

그리고 여러분이 동굴에 가서 탐사나 조사중에 박쥐의 날개에 흰색 알루미늄 가락지(링)가 달려 있는 것을 관찰하게 되시면 건드리지 말아주십시오. 박쥐가 달고 있는 가락지는 저희가 한국산 박쥐의 생태와 개체 수를 조사하기 위하여 달아놓은 것으로 박쥐 생태 연구와 이동 경로를 추적하는 데 매우 유용한 자료가 될 것입니다. 절대로 해치지 말아주시기를 거듭 당부하오며, 궁금한 점이 있으시면 아래 연락처로 연락 주시기 바랍니다.

경남대학교 생물학과 손성원 교수 (Tel) 055/249/2238, batman@kyungnam.ac.kr
이정훈 교수 (Tel) 055/249/2243, jhlee@kyungnam.ac.kr
최병진 박사 (HP) 011/9070/0553, bioem@hitel.net

박쥐는 여러 마리가 모여서 집단을 이루고 살아가기 때문
에 한 동굴에 사는 박쥐 사이에 서로 의사 소통이 필요하
다. 또 여러 마리의 암컷이 모여 함께 새끼를 낳고 키우기 때문에
그 중 자신이 낳은 새끼를
찾아내는 것은 그리 쉽지가
않을 것이다. 그러면 박쥐들
은 서로 어떻게 대화를 나누
고, 어미는 그 많은 새끼들
사이에서 어떻게 자신의 새
끼를 찾아낼 수 있을까?

우선 박쥐가 내는 소리에
는 상호 대화용의 음성과 먹
이 사냥 때 반향정위 기능을
담당하는 음성이 있는 것으
로 알려져 있다.

1965년 시더스(Sythers)
의 발표에 의하면, 강가에서
사냥하고 있던 두 마리의 낚

· 많은 새끼들 중에서 어미는 초음파를 사용해 자신의 새끼
를 알아낸다. 거꾸로 매달려 있는 박쥐가 어미이고, 똑바로
매달려 있는 박쥐가 새끼박쥐이다.

시꾼박쥐가 서로 충돌할 듯한 상황에서 갑자기 '기러기 울음소리
(honk)' 라고 불리는 초음파를 발사하는데 이 때 초음파의 주파수
는 기존의 초음파보다 낮은 영역인 FM 음으로서, 이 초음파를 상
호 교환함으로써 두 마리의 박쥐는 진로를 바꾸어서 충돌을 피한

다고 보고하였다.

또한 먹이를 구하러 간 어미박쥐가 서식지로 돌아왔을 때 그 많은 새끼 무리 속에서 어떻게 자신의 새끼를 구별하는가에 대한 해답 역시 초음파에 있다는 것이 알려졌다. 그런데 필자가 관찰한 바에 의하면, 박쥐가 처음부터 초음파를 통해 어미와 새끼간의 의사 소통이 이루어지는 것은 아닌 것 같다. 어미박쥐의 습성을 잘 관찰해 보면 먹이를 구하러 나갈 때 자신의 어린 새끼들을 동굴 벽에 붙여두고 나간 후 돌아와서는 일단 자신의 새끼가 있는 곳으로 날아와 동굴의 천장에 매달린다. 그런 후에 새끼를 건드리게 되면 어린 새끼는 무조건 아무 어미에게 매달리려 하지만 어미는 계속해서 만져보고 날개로 건드려보고 냄새를 맡고 해서 자신의 새끼라는 것을 최종 확인한 후에야 새끼에게 젖을 준다는 것을 알았다. 그러나 새끼들이 어느 정도 크면 초음파를 내게 되므로 만져보지 않고도 찾아낼 수가 있다.

19. 박쥐의 암수는 어떻게 구별할까

보통의 동물들은 수컷이 암컷보다 색깔이 더 화려하다든지 하여 쉽게 구별되지만 대부분의 박쥐는 암컷과 수컷의 몸 색깔과 형태가 비슷하여 언뜻 보기에는 쉽게 구별이 되지 않는다. 그러나 자세히 보면 수컷은 외부 생식기가 돌출되어 있는 것을 알 수 있다. 또 암컷 어미박쥐의 경우(특히 새끼를 낳은 뒤) 두드러지게 젖꼭지가 드러나 보이기 때문에 암수의 구별이 용이해진다. 외국의 박쥐들 중에는 수컷의 얼굴에 수염이 나는 것도 있다.

· 박쥐의 암수는 외부 생
식기와 젖꼭지의 모습
등으로 구별할 수 있다.
사진은 큰발윗수염박쥐
의 암컷(왼쪽)과 수컷.

20. 박쥐는 어떻게 사랑을 할까

박쥐들의 짝짓기 방법도 박쥐 종류에 따라 다르다. 날개의
첫번째 손가락의 사용이 익숙치 않은 관박쥐의 경우는
뒷발로 벽에 매달린 채 암컷과 수컷이 서로 마주보고 짝짓기를 한
다. 반면에 날개의 사용이 비교적 자유로운 박쥐의 경우, 특히 첫
번째 손가락을 잘 사용하는 애기박쥐과의 박쥐들은 수컷이 암컷
뒤에서 날개막으로 암컷을 꼭 껴안은 자세로 짝짓기를 한다.

그런데 박쥐의 경우 짝짓기 이후 임신, 출산의 과정을 보면 일
반 젖먹이 동물과 다른 특이한 번식 행태를 보인다.

일반 젖먹이 동물의 경우 암컷과 수컷이 짝짓기를 하면 난자와
정자가 만나 수정이 되고, 이 수정란은 암컷의 자궁벽에 붙어 세

포 분열을 통해 태아의 모습을 갖
추어 나가게 된다. 그리고 새
끼는 어미의 몸 속에서 성장
하면서 정해진 임신 기간이
지난 후에 태어나게 된다.
태어난 새끼는 어미의 보살
핌을 받으며 자라서 어른이
된다. 이렇듯 일반 젖먹이 동물
의 발생 과정을 보면 수정에서 착
상, 발생까지 쉬지 않고 진행됨을 알 수
있다.

배란·수정
짝짓기
분만
일반 포유류형

　하지만 박쥐의 경우는 겨울잠이라는 독특한 생활 양식 때문에
이러한 과정을 그대로 밟지는 않는다. 겨울잠을 자는 긴 기간 동
안에 발생이 잠시 중단되는 것이다. 하지만 이것도 박쥐의 종류에
따라 달라서 대략 다음과 같이 세 가지 유형으로 나눌 수 있다.

　첫째, 일반적인 젖먹이 동물과 마찬가지로 짝짓기, 수정, 착상
의 과정이 연속적으로 일어나는 유형으로서, 주로 겨울잠을 자지
않는 열대산 박쥐들에게서 볼 수 있다.

　둘째는 '정자 저장형'으로, 가을철에 짝짓기를 한 후에 수컷의
정자가 암컷의 몸 속에 들어 있는 상태에서 겨울잠을 자는 형이
다. 이러한 유형의 박쥐는 암컷 몸 속에 저장되어 있던 정자와 난
자가 이듬해 봄에 수정이 되어 발생이 진행된다. 관박쥐와 물윗수
염박쥐, 큰발윗수염박쥐, 붉은박쥐, 집박쥐, 관코박쥐 등 우리 나
라에 살고 있는 대부분의 박쥐가 이 유형에 속한다.

셋째는 '지연 착상형'이다. 가을에 짝짓기가 이루어지면 곧바로 정자와 난자가 수정이 되는데 이 수정란 상태에서 겨울잠에 들어가 이듬해 봄에 착상이 이루어지는 것이다. 즉 '정자 저장형'의 경우 수정 자체가 늦게 이루어지는 데 반해 '지연 착상형'은 착상이 늦어지는 것이다. 우리 나라에서는 유일하게 긴날개박쥐에게서 볼 수 있다.

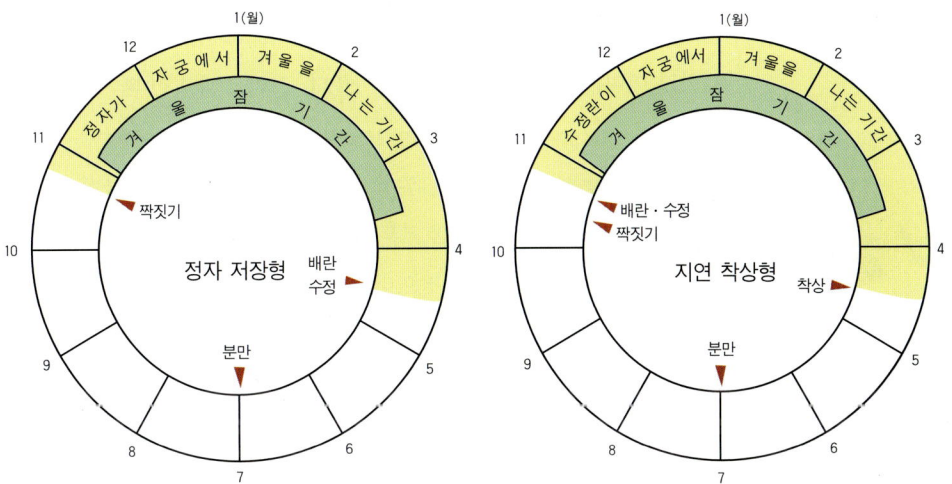

21. 박쥐는 새끼도 거꾸로 매달려 낳을까

우리 나라 대부분의 박쥐는 7, 8월에 새끼를 낳는다. 관박쥐의 경우 한 번에 한 마리를 낳으며 집박쥐와 안주애기박쥐의 경우는 3~4마리까지도 낳는다. 또 박쥐의 분만은 대부분 낮에 이루어진다.

출산이 가까워지면 어미는 몸을 떨면서 힘을 주는데 그 모습이 무척 힘들어 보인다. 특히 관박쥐는 새끼도 거꾸로 매달려서 낳기 때문에 어미에게는 엄청나게 위험하고 고통스러운 시기이다. 필자가 관찰한 바에 의하면, 어미의 생식기에서 핏기가 비치기 시작한 후 새끼는 머리부터 나오기 시작한다. 이 때 어미는 자신의 입으로 새끼를 계속해서 빨아주어 새끼에게 묻은 이물질을 제거해 준다. 새끼가 어미의 몸에서 빠져나와 가슴 쪽으로 내려가 매달릴 때까지 어미는 새끼를 계속해서 핥아준다. 그리고 태반이 빠져나오면 어미는 이것을 먹게 되는데 이것은 출산 후에 냄새를 없애고 태반에 남아 있는 호르몬 같은 영양 물질을 보충하기 위한 것으로 알려져 있다. 전체 분만 시간은 약 10분 내외로 끝이 나게 된다.

22. 박쥐 새끼는 어떻게 자랄까

· 관박쥐 새끼의 출산 모습.

갓 태어난 박쥐 새끼들은 성장 속도가 매우 빠르다. 한 달 정도만 지나도 어미에게서 독립하여, 11월경 어미들과 함께 겨울잠에 들어갈 때쯤에는 몸의 크기가 어미와 거의 같게 되어 이들을 구별하기가 매우 힘이 든다. 그리고 태어난 지 2년째가 되는 해부터는 임신도 가능해진다.

새끼박쥐는 독립하기 전까지 약 한 달 동안 어미의 젖을 먹고 자라면서 어미의 몸에 매달려 나는 연습을 하게 되며, 좀더 커서는 어미를 따라 가까운 곳을 날기 시작하는 등 혼자서 살아가는 방법을 배우게 된다.

· 어미의 몸에 매달려서 비행 연습을 하고 있는 새끼 관박쥐.

새끼들이 어미를 따라 날아다니기 전까지는 새끼들만 동굴에 남겨둔 채 어미는 먹이를 구하러 나가게 된다. 그러나 동굴에 침입자가 있을 경우 어미는 새끼를 배에 달고 도망을 간다.

언젠가 필자는 전라남도의 한 폐광에서 새끼를 기르고 있는 관박쥐 무리를 발견하고 조사를 한 적이 있었는데, 어미가 새끼를 배에 매달고 날아가다가 입구에 설치해 놓은 그물에 그만 새끼의 발이 걸리고 말았다. 어미는 자신의 발로 그물에서 새끼를 떼어내려고 계속 노력을 하였으나 그물은 쉽게 떼어지지 않았다. 그래서 필자가 직접 새끼에게 걸린 그물을 제거해 주었는데 그 과정에서 그만 새끼가 어미에게서 떨어져버리고 말았다. 새끼가 어미의 몸에서 떨어지자 언제 잡힐지 모르는 위험 속에서도 새끼를 버리지 않고 주위를 맴돌던 어미의 모습은 지금까지도 잊을 수 없다. 조사를 마치고 필자는 그 새끼를 어미들이 매달리는 위치 밑에 놓아두고 동굴을 빠져 나왔는데, 며칠 후 그 자리에 가보니 어미가 데리고 갔는지 새끼가 보이지 않아 정말 다행이라고 생각했다.

23. 박쥐와 박쥐식물은 서로 도와가며 진화했다

열대나 아열대 지방에는 높이 30미터가 넘는 나무들 중에 밤에만 꽃이 피는 식물들이 많다. 아메리카 대륙의 사막 한가운데 분포하는 거대한 선인장의 일종인 사구아로(Saguaro)도 그런 식물이었다.

많은 과학자들이 이 현상을 매우 신기해 하였다. 밤에는 꽃가루를 수정시키는 벌이나 나비가 활동하지 못하는데 어떻게 꽃을 피울 수 있는 것일까? 그렇다면 밤에 이 식물의 꽃가루를 수정시키는 어떤 매개 동물이 있을 텐데 그것은 과연 무엇일까? 하지만 이러한 궁금증은 곧 해결되었다. 연구 결과 이들 식물의 매개자는 다름 아닌 박쥐였다는 사실을 알게 된 것이다. 그래서 이들 식물을 박쥐매개식물(Chiropterophilous plant) 또는 박쥐식물, 박쥐꽃(bat flower)이라고 부른다. 박쥐꽃은 열매나 꽃가루, 꿀 등을 박쥐에게 제공하는 대신에, 박쥐는 이 식물의 열매를 먹고 씨앗을 다른 여러 장소에 뿌리거나 가루받이를 도와주는 역할을 함으로써 서로 돕는다.

한편 열대 지방의 사막에서는 간혹 무화과나무들이 띄엄띄엄 고립되어 자라는 것을 볼 수 있다. 이는 이 식물의 열매를 먹고 씨앗을 퍼뜨리는 박쥐와 식물과의 협동 작업에 의해서 이루어진 산물이다. 이 무화과나무는 주변에 다른 나무가 발아하지 못하도록 어떤 물질을 분비하기 때문에 씨앗은 어미로부터 멀리 떨어져야만 싹을 틔울 수 있다. 또 무화과나무 씨앗은 동물의 소화 기관을 거치지 않으면 발아하지 않는 성질이 있다. 따라서 박쥐는 이 무화과나무의 종자 살포 동물로서 매우 중요한 역할을 하고 있는 셈이다.

한편 이 박쥐들은 대체로 몸이 작고 정지비행이 가능하며 입의 앞부분이 가늘게 돌출되어 있다. 그래서 꽃 속에 입을 깊이 찔러 넣을 수 있는 구조이다. 혀는 상당히 길고 혀의 표면에 유두가 발달하여 빗과 같은 형태로 변해 있다. 뿐만 아니라 혀의 옆면과 밑면에는 꿀을 효율적으로 모을 수 있는 구조로 되어 있으며, 후각이 잘 발달해 있다. 미국나뭇잎코박쥐에 속하는 박쥐는 작은박쥐류임에도 불구하고 코가 잘 발달해 있다. 특히 박쥐

박쥐식물의 7가지 특징
① 밤에만 꽃을 피운다.
② 꽃 색깔은 크림색이나 짙은 녹색, 검붉은색으로 눈에 잘 띄지 않는다.
③ 꽃의 모양은 빗형이거나 나팔꽃형, 나팔형의 형태를 갖는다.
④ 신맛을 포함한 고약한 냄새 또는 썩은 냄새 같은 자극적인 냄새가 난다.
⑤ 많은 양의 꽃가루를 생산한다.
⑥ 꽃이 식물 몸체에서 길게 나와 있다.
⑦ 꿀의 성분에는 곤충용 꽃과는 달리 많은 아미노산이 포함되어 있다.

꽃은 다른 꽃이 피지 않는 건조기에 많이 피어서 박쥐를 유인한다.

24. 박쥐의 천적은 무엇인가

자연계의 모든 생물에게는 서로 잡아먹고 잡아먹히는 여러 천적들이 있다. 박쥐에게도 이것은 마찬가지여서, 낮에 휴식을 취하거나 겨울

· 꿀을 빨아먹고 있는 박쥐(*Pteropus mariannus*). 박쥐식물은 박쥐의 활동 시간인 밤에 꽃을 피운다.

잠을 자고 있을 때 이들을 습격하는 족제비를 비롯하여 부엉이, 올빼미, 소쩍새 등의 야행성 조류들이 그들이다. 그러나 이와 같은 자연계에서의 천적은 박쥐가 이 지구상에 나올 때부터 같이 있었으며 진화해 가는 과정 중에 항상 함께했던 자연 생태계의 일부이기 때문에 자신들의 먹이가 되는 박쥐를 멸종에 이르도록 하지는 않는다. 만약 박쥐가 지구상에서 없어지게 되면 이런 종류의 동물들도 같이 사라지게 될 테니까 말이다.

박쥐들을 멸종에 이르게 하는 가장 큰 원인은 인간들에 의한 서

식지 파괴 및 생태계 파괴에 따른 먹이의 감소이다. 최근 계속되는 동굴 개발로 인해 지금도 많은 박쥐들이 서식지를 잃어가고 있다.

또한, 환경 오염에 따른 먹이 사슬의 오염도 박쥐를 멸종에 이르게 하는 커다란 원인이다. 농약이나 중금속 같은 오염 물질에 오염된 먹이를 계속해서 먹게 되면 이 오염 물질이 박쥐의 체내에도 쌓이게 된다. 결국 많은 양의 오염 물질이 농축되어 박쥐를 죽게까지 할 수 있다.

한편 우리 나라의 일부 지역에서는 박쥐가 신경통에 좋다거나 정력에 좋다고 하여 몇십, 몇백 마리씩 대량으로 포획하는 경우가 있는데 이것이 박쥐들에게는 가장 위협적인 일일 것이다. 이처럼 박쥐를 비롯한 모든 생물에게 있어서 가장 무서운 천적은 바로 사람이 아닐까?

생물농축이란?

우리들이 살아가고 있는 생태계는 먹이사슬에 의해서 이루어져 있다. 그런데 환경 오염이 심각해지면서 이 오염 물질이 먹이사슬을 따라 이동하여 생물체에 축적되는 것을 '생물농축' 이라 한다. 예를 들어보자. 처음 오염 물질이 물 속에 1 정도 들어 있다고 치자. 그러면 이 물 속에 사는 식물성 플랑크톤에는 5 정도 되는 양의 오염 물질이 축적된다. 이 식물성 플랑크톤을 먹고 사는 동물성 플랑크톤의 경우 20 정도의 오염 물질이 축적되고 이 동물성 플랑크톤을 먹고 사는 작은 물고기의 경우에는 100 정도의 오염 물질이 축적된다. 또 이 작은 물고기를 먹고 사는 큰 물고기의 경우에는 500 정도의 오염 물질이 축적되며, 큰 물고기를 잡아먹는 새나 사람에게는 2,000 정도의 오염 물질이 축적된다. 수은이나 납, 카드뮴 같은 중금속과 다이옥신, PCB, DDT의 내분비계 장애물질(환경호르몬) 등은 몸 속에 들어올 경우 배설되지 않고 자연 분해도 거의 이루어지지 않기 때문에 생물체의 몸 속에 계속 남아 있게 된다.

25. 박쥐에게도 기생충이 있을까

박쥐도 다른 젖먹이 동물과 마찬가지로 기생충을 가지고 있다. 박쥐의 체액을 빨아먹는 진드기를 비롯하여 귀나 날개막에 붙어 사는 이 등이 그것이다. 이들은 전 세계적으로 약 250여 종이 알려져 있는데, 박쥐의 종류에 따라 특별하게 적응한 종들이 많다. 우리 나라의 박쥐들에게도 박쥐진드기와 박쥐이가 있다.

보통 이들 기생충은 박쥐들과 항상 같이 이동하면서 피를 빨아먹지만, 종종 피를 빨아먹을 때에만 박쥐에 붙어 있고 보통 때는 서식지에 머물러 있는 경우도 있다. 그럴 경우 박쥐가 이동해 가더라도 박쥐가 떠난 자리에 남아 있다가 다음에 다른 박쥐가 그 자리로 돌아오면 다시 몸에 붙어서 피를 빨아먹는다.

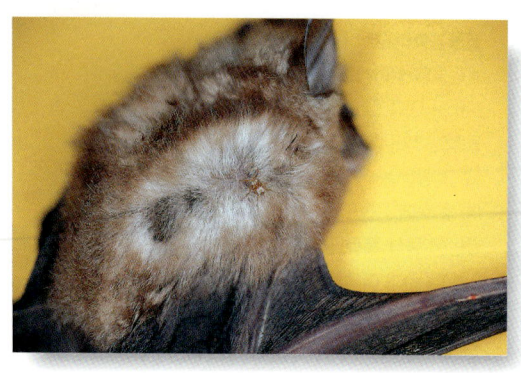

· 박쥐에 붙어 있는 진드기.

26. 동굴 생태계의 제왕, 박쥐

동굴이라 하면 흔히 어둡고 음습하며 앞을 가로막을 정도로 많은 박쥐가 날아오르는 동화나 만화의 한 장면을 생각할 수 있다. 사실 동굴에서는 다른 외부의 생태계와는 달리 햇빛이 전혀 들지 않으므로 식물이 자라기 어렵다. 그래서 식물을 먹이로 하는 생물들도 존재하지 않게 되므로 생태계가 단순할 수밖에 없다. 그 결과 동굴에는 꼽등이, 노래기, 갈로와, 옆새우, 딱정벌레, 거미 같은 극소수의 생물들만이 서식하고 있다.

이렇듯 동굴에는 먹이가 되는 식물이 없기 때문에 주로 박쥐의 배설물인 '구아노'와 간혹 길을 잃고 떨어져 죽은 동물의 사체가 유일한 먹이 공급원이 된다. 하지만 동물 사체의 경우에는 매우 불규칙적이기 때문에 동굴 생태계를 유지하는 데 큰 도움은 되지 못한다. 그래서 동굴 생태계에서는 박쥐의 배설물인 구아노가 영양 공급의 절대적인 위치를 차지하고 있으며, 박쥐가 많이 서식하는 동굴에는 다른 생물들도 상대적으로 많이 서식하고 있다. 그래서 우리들은 흔히 박쥐를 '동굴의 왕자'라고 한다.

구아노의 여러 가지 쓰임

박쥐는 대부분 곤충을 잡아먹기 때문에 박쥐의 배설물인 구아노의 색깔은 검정색이며, 그 길이는 10밀리미터 내외로 길쭉한 모습이지만 쥐의 배설물에 비해 끝이 뭉툭한 것이 특징이다. 곤충을 잡아먹는 박쥐의 경우 곤충의 눈알은 소화가 되지 않아 그대로 배설이 된다. 그래서 구아노를 체로 거르면 곤충의 눈알만 남게 되는데 중국에서는 이것이 최고의 음식 재료이자 한약재가 된다고 한다. 박쥐들은 자기가 살고 있는 곳에서 배설을 하므로 박쥐들이 서식하는 동굴에는 수킬로그램에 이를 정도로 많은 양의 구아노가 쌓여 있다. 특히 열대 지방에는 박쥐의 수가 많아 구아노의 양이 수톤에 이를 정도이다. 이것은 거름으로 이용되기도 하고 수출을 해 외화 벌이의 수단이 되기도 한다. 구아노로 만든 비료는 매우 기름질 뿐만 아니라 천연 비료이기 때문에 토양에도 좋은 것으로 알려져 있다.

· 박쥐의 배설물인 구아노는 동굴 생물들에게는 매우 중요한 영양분이다.

2

우리나라의 박쥐

"우리 나라의 박쥐"

붉은박쥐

27. 우리 나라의 박쥐

우리 나라의 박쥐는 약 24종으로 우리 나라 젖먹이 동물 120여 종 가운데 4분의 1 정도를 차지한다. 우리 나라 박쥐는 모두 작은박쥐류에 속해 있는데 날아다니는 모습이나 외형만으로는 구별하기가 무척 어려운 종류가 대부분이다. 그래서 채집하여 정밀자로 측정해 보고 머리뼈를 들어내 보아야만 한다.

지금까지 조사된 우리 나라 박쥐는 모두 3과(科) 10속(屬) 24종(種) 6아종(亞種)이 알려져 있는데, 아직까지도 분류학적으로 의심이 가는 종이 상당히 있는 것이 현실이다. 하지만 앞으로는 젊은 연구자들의 연구에 의해서 더 많은 종이 확인, 추가될 것으로 생각된다.

이 책에서는 우리 나라에 살고 있는 전체 종들 가운데 가급적 필자가 관찰한 것들만을 대상으로 하고자 하였다. 또한 각 종들에 대해서 최대한 야외 생태 사진을 촬영하고자 시도하였다. 하지만 최근 10여 년 동안 관찰되지 않고 있는 종들도 있고 동굴이라는 열악한 현장으로 인하여 촬영에 어려움이 많아 몇 종의 사진은 빠진 것도 있으니 독자들의 양해를 바란다.

먼저 우리 나라의 박쥐는 크게 관박쥐과와 애기박쥐과, 큰귀박쥐과의 3과로 나눌 수가 있다.

28. 관박쥐과 박쥐 RHINOLOPHIDAE

전 세계적으로 69종이 알려져 있으며 코 부위에 있는 비엽의 모양이 말 편자를 닮았다고 하여 영어로 'Horseshoe Bat' 라는 이름이 붙었다. 귀는 크고 스피커 모양으로 주름이 잡혀 있으며 이주(耳珠)는 없다.

우리 나라의 관박쥐과에는 내륙관박쥐와 제주관박쥐 등 2아종이 있는 것으로 알려져 있다. 그런데 1933년 모리(Mori)가 발표한 제주관박쥐는 아직 채집, 관찰된 바 없다. 필자가 제주도에서 채집한 관박쥐와 내륙에서 채집한 관박쥐의 외형과 골격을 측정하고 형질 및 핵형 등을 분석한 연구 결과를 종합해 볼 때, 현재 제주에 서식하는 관박쥐는 제주관박쥐라기보다는 내륙관박쥐의 새끼를 오인하여 발표한 것이 아닐까 하는 의문점이 있으며, 이에 대해서는 앞으로 계속 연구해 볼 필요가 있다. 그래서 일반적으로 관박쥐라고 하면 내륙관박쥐를 일컫는다.

필자가 조사한 바에 의하면 관박쥐는 제주도부터 강원도까지 전국적으로 분포하며 가장 많은 수를 차지하고 있다. 주로 동굴에 서식하지만 때로는 고목의 빈 구멍이나 가옥의 처마 밑에도 서식하고 있다.

이들이 겨울잠을 잘 때는 한 마리씩 떨어져서 겨울잠을 자기도 하고 여러 마리가 모여 집단으로 겨울잠을 자기도 한다. 한 마리씩 겨울잠을 잘 때는 날개막으로 몸을 감싸고 있지만 집단으로 겨울잠을 잘 때는 날개막으로 몸을 감싸고 있지 않다. 이들의 수명은 보통 10년 이상 사는 것으로 생각된다.

1) 관박쥐

학명 / *Rhinolophus ferrumequinum*

영명 / Greater Horseshoe Bat

● 형태

팔길이 51~61.75밀리미터, 몸통 50.25~64.65밀리미터, 꼬리 25.95~37.25밀리미터, 귀 19.5~26.95밀리미터이다. 우리 나라의 박쥐 가운데 큰 종류로서 몸색깔은 나이에 따라 다소 차이가 있다. 등쪽은 어두운 회갈색, 배쪽은 회색 혹은 회백색인데 성체에서는 갈색이 풍부하며 어린 개체는 암회색이 강하다. 귀는 크고 상당히 길며 이주가 없다.

· 관박쥐

● 생 태

주로 동굴에서 생활하며 폐광이나 나무의 빈 구멍에서도 산다. 보통 7~8월에 한 마리의 새끼를 낳으며 집단으로 모여서 새끼를 키운다. 11월부터 이듬해 3월까지 동굴에서 집단으로 혹은 한 마리씩 떨어져서 겨울잠을 잔다. 한 마리씩 떨어져서 겨울잠을 잘 경우에는 날개로 몸을 감싸고 잔다.

● 현 황

우리 나라 전역과 만주, 모로코, 아프가니스탄, 일본 등지에 분포한다. 우리 나라 박쥐들 가운데 가장 개체 수가 많은 종이지만 유럽에서는 멸종 위기에 처해 있다. 인간의 교란에 대해 매우 민감하기 때문에 겨울잠을 자거나 출산을 하는 동굴에 대한 보호가 시급하다.

29. 애기박쥐과 박쥐 VESPERTILIONIDAE

애 기박쥐과는 우리 나라 박쥐들의 대부분이 속해 있는 과로서 윗수염박쥐속, 집박쥐속, 졸망박쥐속, 멧박쥐속, 애기박쥐속, 토끼박쥐속, 긴날개박쥐속, 관코박쥐속 등이 여기에 속한다.

애기박쥐과는 전 세계적으로 가장 분포가 넓으며 모두 41속(屬)이 있다. 이들은 몸의 크기가 매우 다양한데 몸색깔도 오렌지색, 검은색, 갈색 등으로 다양하다. 주둥이에는 비엽이 없으며 귀에는 이주가 있다. 종에 따라 이주와 귀의 길이가 다양한 것이 특징이다.

주로 동굴에 사는 종류가 많은데 지역에 따라 종의 분포도 달라진다. 또 새끼를 키울 때는 여러 마리가 모여 함께 키우며, 겨울잠도 종에 따라 한 마리씩 개별적으로 떨어져서 자기도 하고 여러 마리가 집단으로 모여 자기도 한다.

우리 나라의 경우 애기박쥐과 박쥐에 대한 분류도 아직 정확히 정리되지 않고 있어 앞으로 많은 표본 조사와 연구가 지속적으로 이루어져야 할 것이다.

1) 붉은박쥐 (오렌지윗수염박쥐)

학명 / *Myotis formosus*

영명 / Hodgson's Bat, Copper-winged Bat

| 윗수염박쥐속

전 세계적으로
30속(亞屬) 97종(種)이
있으며
우리 나라의 박쥐 중
가장 많은 종을 포함하는
소형 종이다.
귓바퀴가 비교적 길고
삼각형이며
이주는 가늘고 끝이
뾰족하거나 뭉툭하다.
날개의 형태는
관박쥐와 긴날개박쥐의
중간형이며
주둥이의 폭이 좁다.
치식은 2123/3123＝34
또는 2133/3133＝38이다.

● 형 태

팔길이 42.55~51.5밀리미터, 몸통 42.75~56.55밀리미터, 꼬리 36.6~56.1밀리미터, 귀 13.15~19밀리미터이며 우리 나라의 애기박쥐과 박쥐 중 중간 크기이다. '황금박쥐' 라는 애칭이 있을 정도로 예쁘고 귀엽게 생겼다. 몸의 털과 귓바퀴 · 날개의 골격 부분의 색은 오렌지색이며, 귓바퀴와 날개막의 색은 검은색이다. 뒷발은 작고 검은색이며, 날개는 바깥쪽 발가락 끝 부분에 붙어 있다.

● 생 태

여름철에는 대나무밭이나 삼림, 고목의 둥치에서 휴식을 취한다. 겨울잠 자는 시기는 보통 11월에서 이듬해 3월까지이며, 습도가 높고 따뜻한 동굴의 안쪽에서 한두 마리씩 겨울잠을 잔다.

● 현 황

환경부 지정 '멸종 위기종' 에 올라 있으며, 암수의 성비가 1 : 10~1 : 40 정도이다. 우리 나라 전역에 소수 분포한다. 전라남도 나주, 함평 지역에서 예외적으로 집단 겨울잠

· 붉은박쥐

을 자는 것이 1999년에 발견되었는데 이것은 서식지의 파괴에서
비롯된 현상으로 보인다. 세계적으로는 동아프가니스탄, 북인도
에서 한국, 일본, 대만, 필리핀 등에 분포하며, 일본의 대미도에서
몇 개체가 채집된 기록이 있으나 이것은 우리 나라의 개체가 날아
간 것으로 생각된다.

2) 큰발윗수염박쥐

학명 / *Myotis macrodactylus*

영명 / Large-footed Bat

● 형태

팔길이 33~41.65밀리미터, 몸통 40.65~48밀리미터, 꼬리 31.35~39.9밀리미터, 귀 10.55~15.99밀리미터이며 소형이다. 등쪽은 담갈색이며 배쪽은 회흑갈색이다. 뒷발이 큰 것이 특징이다. 꼬리막이 날개막보다 뒷발의 바깥쪽에 붙어 있다는 점에서 물윗수염박쥐 등의 다른 박쥐와 구별된다.

· 큰발윗수염박쥐

● 생 태

활동기에는 주로 동굴이나 수로 등 습도가 높은 곳에 서식한다. 7~8월에 한 마리의 새끼를 낳으며 집단으로 모여 새끼를 키운다. 11월에서 이듬해 3월까지 겨울잠을 자는데, 동굴에서 여러 마리가 모여서 겨울잠을 자기도 하고 동굴의 바위틈이나 구멍에서 한두 마리씩 떨어져서 겨울잠을 자기도 한다.

● 현 황

우리 나라 전역에 분포하며 비교적 흔한 종이다. 동부 시베리아와 일본에도 서식하는 것으로 알려져 있다.

3) 물윗수염박쥐 (우수리박쥐)

학명 / *Myotis daubentoni*

영명 / Daubenton's Bat

● 형 태

팔길이 37.18~41.9밀리미터, 몸통 40~49.7밀리미터, 꼬리 30~40.05밀리미터, 귀 9.1~15.7밀리미터이다. 날개는 바깥쪽 발가락보다 밑 부분에 부착되어 있다. 등쪽은 회갈색이나 어두운 청동색이고 배쪽은 은회색이다. 뒷발이 크다.

● 생 태

주로 동굴에서 생활하며 7~8월에 한 마리의 새끼를 낳는다. 포

· 물윗수염박쥐

육기 때에는 집단으로 모여서 새끼를 낳아 키우는데, 큰발윗수염
박쥐와 같이 살기도 한다. 겨울잠을 잘 때는 한두 마리씩 떨어져
서 동굴의 바위틈이나 구멍에서 잔다. 11월경에 겨울잠에 들어가
이듬해 3월경에 다시 활동을 시작한다.

● 현 황

우리 나라의 전역에 걸쳐 분포하며 비교적 흔한 종이지만, 독일
서부와 호주에서는 멸종 위기에 있다. 최근에 강원도 지역에서 많
은 숫자가 포획, 민간 약재용으로 판매되고 있어 대책 마련이 시
급하다.

4) 윗수염박쥐

학명 / *Myotis mystacinus*

영명 / Whiskered Bat

● 형 태

팔길이 35.82~37.21밀리미터, 몸통 44.72~44.94밀리미터, 꼬리 35.15~36.48밀리미터, 귀 13.42~15.22밀리미터이다. 등 쪽은 밝은 갈색이고 중앙에는 황금색의 광택 나는 부드러운 긴 털 (5.5~8.5밀리미터)이 나 있다. 주둥이, 뺨, 귀, 날개막은 검은색이다. 콧구멍은 반달 모양으로 옆으로 열려 있으며 귀는 가늘고 끝이 둥글다. 귀를 앞으로 접으면 코 끝에까지 닿는다. 이주는 가늘고 길며 끝이 뾰족하다. 꼬리뼈의 끝이 꼬리막 밖으로 나와 있다.

· 윗수염박쥐

● 생 태

초저녁 일찍부터 활동을 시작하는데 날아가는 속도가 무척 빠르다. 7~8월에 한 마리의 새끼를 낳으며 11월부터 이듬해 3월까지 동굴에서 한 마리씩 구멍에 들어가 겨울잠을 잔다.

● 현 황

우리 나라에 전국적으로 분포하고 있다. 해주, 서울, 대전, 개성을 비롯한 중북부 지역에서 채집된 기록이 있으며, 전라남북도 등에서도 채집이 되었다. 세계적으로는 아일랜드와 모로코, 일본, 히말라야, 우수리, 블라디보스토크, 사할린, 캄차카 등에 분포한다.

5) 작은윗수염박쥐

학명 / *Myotis ikonnikovi*

영명 / Ikonnikov's whiskered Bat, Ussurian Mouse-eared Bat

● 형 태

팔길이 31.53~33.44밀리미터, 몸통 40.18~44.54밀리미터, 꼬리 43.43~38.92밀리미터, 귀 13.26~14.75밀리미터로 우리 나라 박쥐 중에서 가장 작은 종이다. 발의 가장자리 선에는 굵은 털이 열을 지어 나 있으며, 몸에 난 털은 부드럽고 조밀하다. 털 끝이 회색이므로 마치 서리가 내린 것처럼 보인다.

· 작은윗수염박쥐

● 생 태

활동기 때는 동굴에서 잘 관찰되지 않는다. 7~8월에 한 마리의 새끼를 낳으며 11월부터 이듬해 3월까지 동굴에서 한 마리씩 구멍에 들어가 겨울잠을 잔다.

● 현 황

우리 나라의 남부 지역에 주로 분포하며 이 곳에서 소수의 개체 수가 관찰된 기록이 있다. 세계적으로는 동부 시베리아와 몽고, 만주, 사할린, 북해도 등에 분포한다.

6) 긴꼬리윗수염박쥐

학명 / *Myotis frater*

영명 / Long-legged Whiskered Bat

● 형 태

팔길이 38밀리미터, 몸통 50.65밀리미터, 꼬리 44.7밀리미터, 귀 11.45밀리미터이다. 생김새는 물윗수염박쥐와 비슷하지만 몸 색깔이 검은색을 많이 띠며, 꼬리 길이가 다른 윗수염박쥐에 비해 훨씬 길다.

● 생 태

주로 동굴에서 생활하며 7~8월에 한 마리의 새끼를 낳는다. 11

· 긴꼬리윗수염박쥐

월부터 이듬해 3월까지 동굴에서 한 마리씩 구멍에 들어가 겨울
잠을 잔다.

● 현 황

강원도 등 주로 우리 나라의 중부 이북 지방에 소수 분포하지만
마산에서도 채집된 기록이 있다. 여름철 활동기 때 물윗수염박쥐
와 같은 동굴을 사용하는 것이 관찰된 적이 있다. 세계적으로는
러시아, 만주, 동남중국과 일본에 분포한다.

7) 흰배윗수염박쥐

학명 / *Myotis nattereri*

영명 / Natterer's Bat

● 형 태

팔길이 39.5~43.2밀리미터, 몸통 37.5~48.2밀리미터, 꼬리 38.2~39.2밀리미터, 귀 13.2~17.3밀리미터이다. 귓바퀴와 이주 가 매우 큰 편에 속하는데, 이주가 특히 커서 귓바퀴의 2분의 1 이 상을 차지한다. 몸색깔은 전반적으로 다른 종에 비해서 연한 갈색 인데, 배의 아랫면이 흰 상아색인 것이 특징이다. 그래서 흰배윗 수염박쥐라는 이름이 붙었다. 그리고 꼬리막의 피부가 윗수염박 쥐속 박쥐 가운데 가장 두껍다.

· 흰배윗수염박쥐

● 생 태

우리 나라 박쥐 가운데 귀소성이 강한 편이다. 주로 습기가 많은 동굴에서 생활을 하며 평소에는 무리를 짓지 않다가 번식기에만 암수가 같은 동굴을 사용한다. 7~8월에 한 마리의 새끼를 낳으며, 11월에서 이듬해 3월까지 동굴에서 한 마리씩 구멍에 들어가 겨울잠을 자거나 여러 마리가 모여서 집단으로 겨울잠을 자기도 한다. 지금까지 소수의 개체만이 관찰되었기 때문에 생태에 관하여는 많이 알려져 있지 않다.

● 현 황

기록에 의하면 우리 나라 북부 지방에서만 서식한다고 되어 있으나 필자가 관찰해 본 결과 제주도와 진라남도, 경싱남도에도 서식하는 것이 확인되었다. 그러나 그 개체 수는 매우 적다. 이 종의 분류에 대하여는 학자들마다 서로 의견이 다른데, 귓바퀴에 혈관 색깔이 드러나는가의 여부와 꼬리뼈 끝부분이 꼬리막 밖으로 나와 있는가의 여부에 따라 흰배윗수염박쥐와 구별하여 속리산애기박쥐를 따로 나누기도 한다. 이들 아종에 대한 연구는 앞으로 계속 진행되어야 할 것이다.

8) 집박쥐

학명 / *Pipistrellus abramus*

영명 / Java Pipistrelle

‖ 집박쥐속

전 세계적으로
7아속(亞屬), 77종(種)이
있으며
우리 나라에는 현재까지
3종이 알려져 있다.
생태는 종에 따라
매우 다르나
저녁에 가장 먼저
먹이 사냥을 나오는
종들이다.
귓바퀴의 폭이 넓고
길이가 짧은 것이
특징이다.
이주도 짧아 그 길이가
폭의 2배 정도에
불과하며
끝이 뭉툭하고 약간
안쪽으로 구부러져 있다.
날개는 비교적 좁고 길다.
치식은 2123/3123 = 34
또는 2113/3123 = 32이며
위턱의 앞어금니는
보통 2쌍이지만
1쌍인 개체도 있다.

● 형 태

팔길이 32.4~36.2밀리미터, 몸통 35.9~48.25밀리미터, 꼬리 29.05~39.7밀리미터, 귀 7.45~11.7밀리미터이다. 우리 나라의 집박쥐속 박쥐 중 소형으로 털은 전체적으로 연한 갈색이다. 음경골이 잘 발달하여 몸의 크기에 비해 생식기가 매우 크다.

● 생 태

주로 인가 근처, 특히 처마 밑이나 건물의 벽틈 등에 서식하며 동굴에는 들어가지 않는다. 6월 말에서 7월 즈음에 1~4마리의 새끼를 낳으며, 11월경에는 겨울잠에 들어가 이듬해 3월에 다시 활동한다. 겨울잠을 자는 도중에도 날씨가 따뜻하면 깨어나 날아다니며 먹이를 잡아먹기도 한다. 하천이나 개울가에서 해질녘 30분 전후에 날아다니는 것을 볼 수 있다.

● 현 황

우리 나라 전국에 분포하는데 최근 주택 개량 등으로 그 개체 수가 많이 줄어들었다. 세계적으로는 시베리아 동부,

일본, 중국, 대만, 베트남 등에 분포한다.

· 집박쥐

9) 작은집박쥐

학명 / *Pipistrellus endoi*

영명 / Endo's Pipistrellus

● 형 태

팔길이 32~34밀리미터, 몸통 43~53밀리미터, 꼬리 34~40밀리미터이다. 검은집박쥐보다 노란색이 많으며 귀에는 검은색이 많다.

● 생 태

주로 고지대의 삼림에 서식하는 것으로 알려져 있으나 우리 나라에서는 마산에서 채집된 기록만이 있으며 생태에 관해서는 자세히 밝혀진 바 없다.

● 현 황

일본 고유종으로 알려져 있으나 경상남도 마산에서 필자에 의해 1986년 최초로 채집된 기록이 있으며, 중국에서도 채집된 기록이 있다.

10) 검은집박쥐

학명 / *Pipistrellus savii*

영명 / Savi's Pipistrellus

● 형 태

팔길이 36.36~38.84밀리미터, 몸통 47.75~50.49밀리미터, 꼬리 33.95~37.93밀리미터, 귀 9.68~11.66밀리미터이며 몸색 깔은 검은색이다. 귀는 네모 모양이며 가로주름이 있다. 이주는 짧고 밖으로 구부러져 있다.

· 검은집박쥐

● 생 태

활동기에는 처마 밑 등에 주로 살며 동굴에 들어가지 않지만 겨울철에는 동굴에서 생활한다. 보통 11월에 겨울잠에 들어가 이듬해 3월에 다시 활동을 시작한다.

● 현 황

우리 나라 전역에 분포하며 현재 우리 나라 집박쥐속 박쥐 가운데 가장 많이 발견되고 있는 종이다. 세계적으로는 남유럽에서 몽고, 인도까지 분포하며 미얀마, 아프리카 서북부, 카나리아 제도와 베르데 곶 연안 섬들에도 분포한다. 한편 1955년 이마이즈미(Imaizumi)가 발표한 큰집박쥐(*Pipistrelus savii coreensis*)는 북한에서도 발표된 바 있으며 남한에서는 경상북도에서 유사한 종을 채집된 바 있다. 하지만 이것을 검은집박쥐의 아종으로 볼 것인지 같은 종으로 볼 것인지에 대해서는 좀더 연구가 필요하다.

11) 작은졸망박쥐 (생박쥐)

학명 / *Eptesicus nilssoni*

영명 / Northern Bat

● 형 태

팔길이 40.5~51밀리미터, 몸통 49~66밀리미터, 꼬리 32~51밀리미터, 귀 12~13.5밀리미터이다. 우리 나라의 박쥐 중 중형으로 등쪽의 털은 광택 나는 암갈색이며 털 끝이 황백색으로 허옇게 보인다. 털은 꼬리막의 3분의 1까지 덮여 있다. 귓바퀴와 날개는 흑갈색이다. 귓바퀴는 넓고 두꺼우며, 날개는 바깥쪽 발가락 시작 부위에서 시작된다.

● 생 태

주로 고목의 빈 구멍이나 가옥의 처마 밑 등에 서식하나 생태에 관하여는 별로 알려진 바가 없다.

● 현 황

우리 나라에 전국적으로 분포하지만 주로 중부 이북 지방에 분포한다(최근 서울에서 한 개체가 포획된 바 있다). 현재는 매우 소수가 서식하고 있다. 세계적으로는 중부 유럽에서 일본, 티베트에 분포한다.

Ⅲ 졸망박쥐속

북방계 종으로 몸의 크기는 중간 정도이다. 귓바퀴의 폭이 넓고 길이가 짧다. 이주도 짧아 그 길이가 폭의 약 2배이며 끝이 뭉툭하고 약간 안쪽으로 구부러져 있다. 날개는 비교적 좁고 긴 것이 집박쥐와 비슷하지만 주둥이가 더 넓고 특수한 샘이 발달되어 있다. 치식은 2113/3123=32 이며, 위턱의 앞어금니는 1쌍뿐이다.

· 작은졸망박쥐

12) 문둥이박쥐 (굵은가락졸망박쥐)

학명 / *Eptesicus serotinus*

영명 / Serotine Bat

● 형 태

팔길이 49~52밀리미터, 몸통 66~88밀리미터, 꼬리 37~56
밀리미터, 귀 17~20밀리미터이다. 졸망박쥐속 박쥐 중에서는 비
교적 큰 편이다. 이마, 머리 위, 목의 털은 담갈색의 양털 모양이
지만, 등쪽은 약간 광택 있는 황흑갈색이며 배쪽은 보다 연한 색
을 띤다. 귓바퀴와 날개는 흑갈색이다. 귓바퀴는 중간 정도의 크
기이며 이주는 작고 둥글다. 날개는 바깥쪽 발가락의 중간에 부착
되어 있다.

· 문둥이박쥐

● 생 태

주로 고목의 빈 구멍이나 가옥의 처마 밑, 군부대의 막사 등에 서식한다. 해가 지고 나서 먹이 사냥에 나가며 6~7월에 한 마리의 새끼를 낳는다.

● 현 황

우리 나라 전역에 분포하나 강원도 인제, 마산, 삼척에 주로 서식한다. 1999년 전라북도 전주에서도 채집된 적이 있다. 제주도를 제외한 우리 나라 전역에 소수가 서식하고 있다. 학자들에 따라 문둥이박쥐(굵은가락졸망박쥐)와 평남졸망박쥐(고려박쥐)를 같은 종으로 볼 것인지 아종으로 볼 것인지 의견이 분분하여 분류학적인 재고찰이 필요한 종이다. 세계적으로는 서유럽에서 태국, 북아프리카와 지중해 연안의 대부분의 섬에 분포한다.

13) 서선졸망박쥐 (고바야시박쥐)

학명 / *Eptesicus kobayashii*

영명 / Kobayashii Bat

● 형 태

팔길이 46~47밀리미터, 몸통 60~63밀리미터, 꼬리 46~48밀리미터, 귀 17~19밀리미터이다.

● 생 태

주로 고목의 빈 구멍이나 가옥의 처마 밑 등에 서식하나 생태에 관하여는 별로 알려진 바 없다.

● 현 황

우리 나라 전역에 분포하는 것으로 추정되지만 1970년대까지만 해도 소수의 채집 기록만이 있을 뿐이었다. 1979년 필자가 마산의 한 성당에서 1개체를 채집한 바 있으나 이 종에 대해서는 좀 더 연구가 필요하다.

14) 멧박쥐

학명 / *Nyctalus aviator*

영명 / Large Noctule Bat

IV 멧박쥐속

전 세계적으로 6종이 있으며 중형 또는 대형종이다. 다섯째 손가락은 아주 짧고 셋째 손가락은 길기 때문에 날개가 매우 좁고 길다. 머리뼈는 단단하고 폭이 넓으며 위턱의 두번째 어금니에 하이포콘(hypocone)이라는 작은 돌기가 있다. 치식은 2123/3123 = 34 이다.

● 형 태

팔길이 58~64밀리미터, 몸통 82~106밀리미터, 꼬리 45~62밀리미터, 귀 16~22.5밀리미터로 우리 나라 박쥐 가운데 가장 크다. 귀의 크기에 비해 이주가 작고 짧으며 버섯 모양으로 생긴 것이 특징이다.

● 생 태

주로 고목의 빈 구멍에 서식하나 우리 나라에서는 생태에 관하여 알려진 바가 별로 없다.

● 현 황

필자에 의해 부산 동래의 고목 틈에서 관찰된 적이 있으나 6 · 25 전쟁 이후부터는 제대로 관찰되지 않고 있다. 세계적으로는 일본과 중국의 양쯔강 유역에 분포한다.

15) 작은멧박쥐

학명 / *Nyctalus noctula*

영명 / Noctule Bat

● 형 태

팔길이 48~53밀리미터, 몸통 76~84밀리미터, 꼬리 46~54 밀리미터이다. 이주가 작으며 버섯 모양으로 생긴 것이 특징이다. 생김새는 멧박쥐와 비슷하지만 몸의 크기가 더 작다.

● 생 태

주로 고목의 빈 구멍에 서식하나 우리 나라에서는 생태에 관하 여 알려진 바가 별로 없다.

● 현 황

중국, 대만, 일본에 분포하며 우리 나라에서는 북부 지방에 분 포하는 것으로 알려져 있다. 몇 회의 관찰 기록만이 있을 뿐 최근 에는 전혀 관찰이 되지 않고 있다.

16) 북방애기박쥐

학명 / *Vespertilio murinus*

영명 / Parti-coloured Bat

V 애기박쥐속

세계적으로 3종이
기록되어 있으며
몸의 크기는
중간 정도이다.
귓바퀴는 둥글고 짧으며
이주도 버섯형으로 짧아
그 길이가 폭과 같다.
날개는 좁고 길다.
머리뼈는 짧고 편평하며
주둥이의 폭이 넓고
윗면의 양측에
깊은 홈이 나 있다.
치식은 2113/3123 = 32이며
위턱의 앞어금니는
1쌍뿐이다.

● 형 태

팔길이 47밀리미터, 몸통 60~63밀리미터, 꼬리 37~38
밀리미터, 귀 15~18밀리미터이다. 생김새는 안주애기박쥐
와 비슷하지만 몸의 크기가 약간 더 작고 몸색깔도 더 검은
색에 가깝다. 털 끝이 희끗희끗한 것이 특징이다.

● 생 태

우리 나라에서는 아직 자세한 연구가 이루어지지 못하고
있다.

● 현 황

우리 나라에서는 채집 기록만이 있는데 주로 북부 지방
에 분포하는 것으로 생각된다.

17) 안주애기박쥐

학명 / *Vespertilio superans*

영명 / Namie's Frosted Bat

● 형 태

팔길이 46∼50밀리미터, 몸통 58∼68밀리미터, 꼬리 40∼49
밀리미터, 귀 13∼15밀리미터로 우리 나라 박쥐 가운데 대형 종에
속한다. 등쪽은 어두운 갈색이나 털이 흰색을 띠기도 한다. 귀는
둥글며 이주는 매우 작고 폭이 넓게 생겼다.

· 안주애기박쥐

● 생 태

주로 가옥의 처마 밑이나 목조 건물의 틈에 집단으로 서식하며 인가 근처에서 야행성 곤충을 잡아먹는다.

● 현 황

우리 나라의 중부 이북 지방에 주로 분포한다. 1970년대까지만 해도 북한산과 경기도 일원에 대단위가 살고 있었으나 현재 목조 건물이 사라지면서 그 수가 급격히 줄어 매우 보기 드물다. 세계 적으로는 중국의 동북부와 만주, 시베리아 동남부, 일본 등에 분 포한다.

18) 토끼박쥐

학명 / *Plecotus auritus*

영명 / Common Long-eared Bat

● 형 태

팔길이 39~42밀리미터, 몸통 42~52밀리미터, 꼬리 40~50밀리미터, 귀 33~37밀리미터이다. 귀가 매우 긴 것이 특징이며 이주도 길다. 그러나 이주의 길이가 귀 길이의 반을 넘지 않는다. 배쪽은 연한 갈색이며 등쪽은 갈색이다.

● 생 태

주로 동굴에서 생활하며 7~8월에 한 마리의 새끼를 낳는다. 11월에서 이듬해 3월까지 동굴에서 한 마리씩 떨어져서 겨울잠을 잔다. 겨울잠을 잘 때는 날개로 큰 귀를 감싸고 하얀 이주만을 내놓고 잔다.

● 현 황

중부 이북 지방에서 분포하는데 주로 강원도 원주, 영월 등에 분포한다. 강원도 지방에서 극히 일부의 개체 수가 동굴에서 겨울잠 자는 것이 관찰된 바 있다. 세계적으로는 유럽 남부에서 일본, 히말라야 등에 분포한다. 학자들에 따라 토끼박쥐와 참긴귀박쥐를 같은 종으로 보기도 한다. 참긴

Ⅵ 토끼박쥐속

몸의 크기는 중간 정도이다. 귓바퀴가 매우 길어서 토끼귀처럼 생겼으며 이주도 길다. 콧구멍은 길고 쉼표 모양(,)으로 되어 있다. 날개는 넓고 짧으며 뒷발의 바깥쪽 발가락 끝 부분에 붙어 있다. 주둥이는 짧고 좁으며 치식은 2123/3133=36 이다.

· 토끼박쥐

귀박쥐는 1966년에 일본의 동굴 탐사대에 의해 영월의 한 동굴에서 채집되어 기록된 종으로, 처음에는 토끼박쥐의 아종이라 보았지만 최근에는 아종을 인정하지 않고 토끼박쥐와 같은 종이라고보는 학자들도 있다. 필자가 5마리의 표본을 비교해 본 결과,1970년대 이전에 잡힌 개체들은 몸색깔이 검은색을 띠고 있으나최근에 잡힌 개체들은 검은색을 띠고 있지 않아 토끼박쥐라 이름을 바꾸어 불러도 될 것으로 생각된다.

19) 긴날개박쥐 (긴가락박쥐)

학명 / *Miniopterus schreibersii*

영명 / Bent-winged Bat, Long-winged Bat

● 형 태

팔길이 40.75~50밀리미터, 몸통 46.5~56.6밀리미터, 꼬리 33.8~51.2밀리미터, 귀 9.3~12.5밀리미터이다. 다른 박쥐들에 비해 날개가 매우 긴 것이 특징이다. 귀는 네모 모양이며 이주는 짧다.

● 생 태

주로 동굴에서 생활하며 우리 나라 박쥐 가운데 가장 집단 행동이 강한 종이다. 7~8월에 한 마리의 새끼를 낳으며 집단으로 모여서 새끼를 키운다. 11월부터 이듬해 2월까지 동굴에서 집단으로 모여서 겨울잠을 잔다. 관박쥐와 함께 새끼를 기르기도 하는데 서식지에서 특이한 냄새가 난다.

● 현 황

우리 나라의 남부 지역에 주로 서식한다. 제주도, 경상남도 등지에서 특정 동굴만을 이용하여 집단으로 이동하므로 개체 수는 많으나, 한약재로 마구 채집되면서 멸종 위기에 처해 있는 종이다. 세계적으로는 유럽 남부에서 일본, 솔로몬섬, 필리핀, 아프리카, 호주 동부에 분포한다.

Ⅶ 긴날개박쥐속

몸의 크기는 중간 정도이며 귓바퀴는 짧고 둥글다. 이주는 비교적 길다. 날개는 대단히 긴데 손가락뼈의 제2마디뼈가 특히 길어 제1마디뼈의 3배나 되는 것이 특징이다. 머리뼈는 주둥이 부분은 수평에 가깝고 눈에서 이마까지는 급경사를 이룬다. 치식은 2123/3133=36 이다.

· 긴날개박쥐

20) 작은긴날개박쥐

학명 / *Miniopterus fuscus*

영명 / Little Long-winged Bat

● 형 태

팔길이 43~65.5밀리미터, 몸통 50~60밀리미터, 꼬리 45~55밀리미터이다. 긴날개박쥐와 형태는 비슷하게 생겼으나 크기가 훨씬 작다.

● 생 태

우리 나라에서는 알려진 바 없다.

● 현 황

제주도에서 필자가 1회 채집한 기록이 있으나 앞으로 더욱 정밀한 조사가 필요하다. 일본의 류큐 열도와 오키나와 등에는 다수가 분포하고 있다.

21) 관코박쥐

학명 / *Murina leucogaster*

영명 / Great Tube-nosed Bat

Ⅷ 관코박쥐속

몸의 크기는 중간 정도이다. 귓바퀴는 둥글고 작은 과립 모양이 흩어져 있다. 이주는 가늘고 길며 끝이 뾰쪽하다. 날개는 대단히 넓고 짧다. 머리뼈는 단단하며 주둥이 부분이 짧다. 콧구멍이 대롱 모양인 것이 특징이며 털은 금색이 돌고 양털처럼 매우 부드럽다. 치식은 2123/3123=34 이다.

● 형 태

팔길이 43.33~44.41밀리미터, 몸통 56.12~56.96밀리미터, 꼬리 35.53~36.71밀리미터, 귀 17.9~19.15밀리미터이다. 몸색깔은 흑갈색이지만 금색을 띠는 털들이 같이 나 있어 털이 매우 빛난다. 코의 형태가 대롱 모양으로 생긴 것이 특징이다. 이주는 뾰족하게 생겼으며 발이 매우 크다.

● 생 태

주로 동굴에서 생활하며 7~8월에 한 마리의 새끼를 낳는다. 한 마리씩 떨어져서 동굴의 바위틈이나 구멍에서 주로 겨울잠을 잔다. 11월경에 겨울잠에 들어가 이듬해 4월경에 다시 활동을 시작한다. 인가와 떨어진 곳에서 주로 서식한다.

● 현 황

전라도, 경상도, 강원도 등의 전국에 분포한다. 개체 수가 적은 편인데 옛날 화석에 의하면 우리 나라에서 가장 우점종이었으나 지금은 희귀종에 속한다. 세계적으로는 시베

· 관코박쥐

리아 남부에서 중국 중부와 일본에 분포한다. 이 종에 대해 관코
박쉬와 금강산관코박쥐로 나누는 학자들도 있는데 앞으로 많은
표본 조사와 연구가 필요하다.

22) 작은관코박쥐

학명 / *Murina ussurensis*

영명 / Little Tube-nosed Bat

● 형 태

팔길이 30~32밀리미터, 몸통 42~48밀리미터, 꼬리 28~36
밀리미터, 귀 13~18밀리미터로 생김새는 관코박쥐와 비슷하지만
몸의 크기가 훨씬 작은 것이 특징이다.

● 생 태

동굴에 들어가지 않고 주로 고목의 빈 구멍에서 서식한다. 특히
인가 근처에서 주로 서식하는데 아직까지 우리 나라에서 이들의

· 작은관코박쥐

생태에 대하여는 별로 밝혀진 바 없다.

● 현 황

우리 나라에서는 개체 수가 극히 적어 지리산에서 2회의 채집 기록이 있을 뿐이다. 세계적으로는 시베리아 동남부의 우수리 지역과 만주, 사할린, 쿠릴 열도 등에 분포한다.

30. 큰귀박쥐과 박쥐 MOLOSSIDAE

큰귀박쥐과 박쥐는 전 세계적으로 유럽과 아시아 남부, 아프리카, 미 대륙 등의 따뜻한 지역에 분포하며, 우리 나라에는 1속 1종만이 분포한다.

큰귀박쥐과 박쥐의 가장 큰 특징은 꼬리막 밖으로 꼬리가 길게 나와 있다는 것이다. 그래서 이들을 영어로는 자유꼬리박쥐 (free-tailed bat)라고 부른다. 이에 반해 우리 나라에서는 다른 박쥐에 비해 귀가 길다는 점을 들어 큰귀박쥐라고 명명하였다. 하지만 귀의 길이를 비교하면 토끼박쥐가 더 길기 때문에 이제는 자유꼬리박쥐라고 이름을 바꾸어 불러도 되지 않을까 생각한다.

이들의 몸 크기는 대체로 다양하며 몸색깔도 갈색, 회색, 검은색 등으로 다양하다. 눈은 작으며 귀는 두껍고 이주가 있다. 동굴이나 터널, 건물 등에서 주로 살지만 바위틈에서도 산다. 외국의 경우 수만 마리씩 같이 모여서 사는 것도 볼 수 있다. 새끼를 낳을 때는 한 번에 한 마리의 새끼만을 낳지만 간혹 두 마리의 새끼를 낳는 경우도 있다.

1) 큰귀박쥐

학명 / *Tadarida teniotis*

영명 / European Free-tailed Bat

● 형 태

팔길이 58~65밀리미터, 몸통 84~94밀리미터, 꼬리 48~56 밀리미터, 귀 31~34밀리미터이다. 발의 가장자리에는 굵은 털이 열을 지어 나 있다. 몸의 털은 부드럽고 조밀하다. 등쪽은 초다색 인데 가슴과 배의 털 끝이 밝은 회색이어서 마치 서리가 내린 것 처럼 보인다. 꼬리막이 거의 발달하지 않아서 긴 꼬리가 꼬리막 밖으로 나와 있는 것이 특징이다.

● 생 태

우리 나라에서는 알려진 바 없다.

● 현 황

우리 나라에서는 북부 지역에서 발견된 기록이 있어 북한 지방 에만 분포하고 있을 것으로 추정된다. 세계적으로는 유럽의 지중 해 지역, 아프리카 북부에서 일본과 대만까지 분포한다.

3

박쥐와 인간

관박쥐

"박쥐와 인간"

31. 외국에서는 박쥐를 먹기도 하던데 우리 나라의 박쥐도 먹을 수 있나?

외국에서는 박쥐를 식용으로 쓰기 위해 잡기도 한다. 주로 잡는 종류는 과일박쥐류로서 이들은 식과성이기 때문에 고기에서 냄새도 적게 나고 크기도 꿩 정도로 커서 먹을 만한 양이 된다. 그러나 최근 대부분의 과일박쥐들이 멸종 위기에 처해 있어 몇몇 종들은 사냥이나 국제간 거래가 금지되어 있으며, 이는 더욱 확대될 것으로 생각된다. 우리 나라의 박쥐들은 대부분 20그램 이하의 작은 크기인 데다가 곤충을 잡아먹는 종류라 고기에서 이상한 냄새가 나기 때문에 식품으로 먹기에는 곤란하다. 그러나 한약재 시장에서 민간 요법에 사용하기 위해 판매하는 것을 종종 관찰하게 되는데 야생동물을 보호하는 차원에서 금지되어야 할 것이다. 특히 일명 황금박쥐라 불리는 붉은박쥐의 경우 포획, 판매 등의 행위는 법적 제재를 받게 된다. 또 중금속, 농약 등에 오염이 많이 되어 있어 먹을 경우 건강을 해칠 수도 있다.

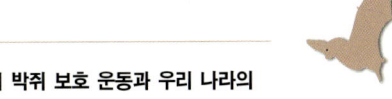

외국의 박쥐 보호 운동과 우리 나라의 활동

유럽이나 미국에서는 박쥐를 보호하기 위해 박쥐집을 달아준다든가 상처받은 박쥐를 전문으로 치료하는 수의사가 있다. 또 박쥐의 먹이가 따로 개발될 정도로 박쥐 보호를 위한 연구가 매우 발달해 있다. 일본의 경우만 해도 1995년부터 해마다 박쥐 축제를 열고 있는데 이 때 박쥐 보호와 생태 조사를 위한 방법 교육 등 다양한 강습이 이루어진다. 우리 나라에서도 박쥐의 이동 거리 및 활동 영역, 수명 등을 조사하기 위해 1999년부터 영구 계획으로 박쥐 가락지 달아주기와 박쥐집 달아주기 등이 한국포유동물연구소와 한국동굴환경학회 주관으로 이루어지고 있다. 박쥐 보호에 관심 있는 분들의 적극적인 동참을 바란다.

· 서울의 한약재 시장에서 판매되고
  있는 말린 박쥐의 모습.

· 환경부에서 멸종 위기종으로 지정한 붉은박쥐.

32. 우리 나라의 전통 문화 속에 박쥐 문양이 나오던데 그 이유는?

인간들이 석기 시대에 동굴 생활을 할 때부터 박쥐는 인간 과 매우 밀접한 관계를 가져왔다. 우리 나라 석기 시대의 대표적인 유적지인 충북 점말동굴에서 많은 박쥐 화석이 발견된 것으로 보아 그 당시 인간과 박쥐는 같은 동굴에서 친한 이웃으로 살았을 것으로 생각된다.

인류 문화에서 박쥐를 형상화한 것 가운데 가장 대표적인 것이 중국에서 장식으로 사용한 경우이다. 중국에서는 명나라 때 박쥐를 문양으로 사용하기 시작하여 명나라 말기와 청나라 초기에 대중들에 확산되어 많이 사용하게 되었다. 그렇다면 중국에서는 왜 박쥐 문양을 사용하게 되었을까?

중국에서는 박쥐를 '편복' 이라고 부르는데, 박쥐의 '복' 자와 행복의 '복' 자가 음이 같다고 하여 박쥐는 행복의 상징으로 여겨졌다. 그래서 가구나 옷 등에 문양으로 많이 사용되었다. 또 박쥐는 쥐와 생김새가 비슷하면서도 쥐보다 오래 사는 동물이므로 사람들은 박쥐를 장수의 영물로 생각하여 선서(仙鼠)라고도 불렀다. 박쥐를 신선의 경지에까지 올려놓은 것이다. 그리고 박쥐 문양은 복의 상징인 수(壽)자와 같이 사용하기도 하였으며, 신선들이 주로 먹어 장수를 상징하는 복숭아를 박쥐와 같이 그려놓은 것도 볼 수 있다.

· 중국의 대표적인 문양인 오복봉수. 오복이 '수(壽)' 자를 받드는 모습으로 박쥐 다섯 마리로 이루어진 문양이다.

이처럼 중국에서 유행하던 박쥐 문양이 우리 나라에 전래된 것은 청나라 때인 17세기 중엽 무렵이었을 것으로 추정된다. 복을 상징하는 박쥐 문양은 우리의 토착 문화인 오복(五福) 사상과 결합하여 급속도로 전파되어 조선 말기인 19세기부터 20세

· 역시 중국의 대표적인 문양인 쌍복. 복이
쌍으로 겹친 모습으로 박쥐 두 마리가 손을
마주잡고 있는 모습이다.

기 초에 전성기를 맞게 된
다. 그러나 우리 나라에서는
중국의 문양을 그대로 사용한
것이 아니라 남아 선호 사상과 결
합하여 득남을 상징하는 고추와 함께 많이
사용되었다.

33. 박쥐에게서 인간들은 어떤 도움을 받았나?

박 쥐에게 배운 가장 큰 지혜는 아마도 초음파일 것이다. 초
음파를 이용하면 앞을 보지 못하는 맹인들의 안경도 만들
수 있다. 이것은 앞에 물체가 있을 경우 소리를 들려주어 물체를
피해갈 수 있도록 한 장치이다. 또 레이더를 만들어 군사적 용도
로 사용하기도 한다.

또한, 무엇보다 박쥐는 해
충 구제에 커다란 역할을 한
다. 박쥐는 자기 몸무게의 2
분의 1만큼의 모기나 해충을
하룻밤에 잡아먹는다. 우리
나라에서 가장 작은 집박쥐

· 맹인용 초음파 안경

한 마리가 한여름날 밤에 잡아먹는 모기의 수는 약 3,000~5,000
마리이다. 그리고 박쥐의 배설물인 '구아노'는 매우 고급 비료로
서, 지금도 동남 아시아에서는
이것을 비료로 사용하고 있다.
이 외에도 열대에 사는 박쥐들
은 농장 작물의 가루받이에 매
우 큰 역할을 한다.

한편 최근에는 박쥐의 겨울잠
에서 힌트를 얻어 저온 상태에
서 수술을 시행하는 것이 개발
되었다. 앞으로도 겨울잠을 자
는 박쥐에게서 나타나는 정자
저장법과 수정란 저장법을 계속
연구하면 가축이나 사람의 수정
란과 정자의 저장 방법을 개발
할 수 있을 것이다.

박쥐폭탄

우리 나라 고사에 보면 돼지나 소의 꼬리에 불을 붙여
도시로 내려보내 도시를 불바다로 만들었다는 이야기가
있다. 이와 비슷한 작전이 1942년부터 1943년에 걸쳐 미
국에서 일어날 뻔한 적이 있었다. 당시 미국은 박쥐폭탄
이라는 신무기를 개발하려 하였는데 발화 폭탄을 단 멕
시코자유꼬리박쥐를 비행기로 실어와 일본 상공에 날려
보내려는 작전이었다. 박쥐들이 주택가로 날아 들어가면
폭발을 일으켜 화재가 일어나게 하려고 계획했던 작전이
다. 그 당시 일본의 주택들은 대부분 목조 건물로 되어
있었고, 박쥐들이 대부분 이들 주택가와 방공호, 터널 등
에 서식하고 있었으므로 이러한 생각을 해내게 되었던
것이다. 다행히 이 작전이 실행되지 않아 많은 인명 피해
를 막을 수 있었으니 작전이 실행되었다면 엄청난 피해
가 발생했을 것이다.

34. 박쥐에 대한 오해들

우리들이 박쥐에 대해 오해하고 있는 것 가운데 가장 대표
적인 것은 박쥐가 낮에는 쥐의 형태로, 밤에는 새의 형태
로 다닌다는 것이다. 박쥐가 낮에는 대부분 처마 밑이나 천장 속
에서 날개를 접고 잠을 자기 때문에 이 모습을 보고서 이렇게 오
해를 하는 것 같다. 그럼 박쥐에 대해 우리가 잘못 알고 있는 것에

는 어떤 것들이 있을까?

● 박 쥐 는 시 력 이 없 다

박쥐는 주로 밤에 날아다니기 때문에 시력이 없을 것 같지만 시력이 아주 없는 것은 아니다. 물론 대부분의 감각은 초음파에 의존한다.

● 박 쥐 는 피 를 빨 아 먹 는 다

지금까지 알려진 박쥐 가운데 동물의 피를 빨아먹는 흡혈박쥐는 중남미에 서식하는 3종의 박쥐뿐이다. 그 외의 박쥐는 주로 곤충을 잡아먹으며 과일이나 꽃가루, 꿀을 먹는 박쥐도 있다. 우리나라의 박쥐는 모두 모기나 나방 같은 곤충을 잡아먹는 박쥐이다.

● 박 쥐 를 먹 으 면 눈 이 밝 아 진 다

박쥐가 주로 밤에 활동하기 때문에 박쥐를 먹게 되면 눈이 좋아질 것이라 하는데 이것은 전혀 과학적인 근거가 없는 이야기다.

● 박 쥐 를 먹 으 면 신 경 통 에 좋 다

박쥐를 먹으면 신경통에 좋다는 말이 있는데 이것 역시 전혀 과학적인 근거가 없는 말이다. 만약 박쥐가 신경통에 효험이 있다면 제약 회사에서 박쥐를 사육해 공급할 것인데 이런 일은 이제까지 한 번도 이루어진 적이 없다. 또 박쥐는 중금속, 농약 등에 오염이 많이 되어 있으므로 박쥐를 먹으면 이러한 물질에 중독될 위험도 있다.

35. 박쥐를 보호하려면?

최근 몇 년 전까지만 해도 도심의 가로등 근처에서 먹이를 찾아 배회하거나 골목길에서 밤하늘을 날아다니는 박쥐들을 쉽게 볼 수 있었다. 하지만 최근에는 이마저도 관찰하기가 매우 힘들게 되었다. 그 이유는 과연 무엇일까?

앞서도 말했지만 박쥐 감소의 원인은 크게 3가지를 들 수 있다. 그 중 첫째가 서식지의 파괴이다. 이것은 모든 동물에게 있어서 멸종의 가장 큰 원인으로 알려져 있다. 먹을 것이 부족하면 좀더 멀리 날아가거나 좀더 오래 활동을 하여 먹이를 섭취하면 된다. 하지만 새끼를 낳아 기르거나 잠잘 곳이 없어지면 동물에게는 매우 치명적이다.

특히, 우리 나라에 서식하고 있는 박쥐는 대부분 동굴에 서식하는 종으로 관박쥐, 긴날개박쥐, 흰배윗수염박쥐, 물윗수염박쥐, 큰발윗수염박쥐 등이 있다. 그러나 최근 강원도와 충청남북도에 산재해 있는 많은 석회 동굴들이 개발되면서 이들 박쥐들은 서식지를 잃어버렸다. 또 일부 동굴은 파괴를 방지하기 위해 입구를 봉쇄했는데 이 때문에 박쥐마저도 출입을 하지 못하게 되었다. 제주도 지방에 산재해 있는 수많은 용암 동굴의 경우도 개발과 봉쇄로 인하여 박쥐의 서식지가 급격히 감소하고 있다. 그리고 전국에 산재해 있는 많은 폐광들 역시 안보나 안전상의 이유로 봉쇄되었다.

또한, 주택의 개량으로 인하여 가옥의 천장이나 처마 밑에 살던 집박쥐, 안주애기박쥐, 굵은가락졸망박쥐, 서선졸망박쥐 등의 수도 기하급수적으로 줄어들고 있는 것을 볼 수 있다.

박쥐 감소의 둘째 원인은 환경 오염에 따른 생태계 파괴이다. 박쥐의 주요 먹이인 모기, 나방 등의 곤충이 농약의 과다 살포로 인하여 오염되면서 이들을 잡아먹는 박쥐에게도 이차적인 오염 물질의 축적이 일어나 많은 개체 수가 줄어 들고 있는 것이다.

· 박쥐집

셋째로는 민간 요법의 약재로 사용하기 위한 무분별한 포획이다. 박쥐가 시력 회복에 좋다거나 강장제로서 효과가 있다는 등의 근거 없는 민간 요법 때문에 많은 수의 박쥐가 무분별하게 포획되고 있다.

이상과 같은 원인들로 인하여 박쥐의 수가 많이 줄어들고 있는데 이를 최소화하기 위한 몇 가지 방법을 제시하면 다음과 같다.

첫째, 가장 적극적인 보호 방법으로 박쥐집을 만들어 달아주는 방법이 있다. 최근 교외의 음식점이나 농원 같은 큰 건물들에서는 모기와 나방 등을 퇴치하기 위해 자외선 감전 장치를 설치해 놓은 것을 볼 수 있다. 그런데 박쥐는 하루에 먹이인 모기류와 나방을 자기 몸무게의 2분의 1 정도 먹는다고 보고되고 있다. 박쥐 한 마리가 하룻밤에 6,000마리의 모기를 잡아먹는 셈이다. 그러니 자외선 감전 장치 대신 박쥐집을 달아둔다면 해충의 구제에 큰 도움이 될 것이다.

둘째, 동굴 입구를 봉쇄하더라도 콘크리트로 완전 밀폐하거나 세로식의 철창을 설치할 것이 아니라 박쥐가 좀더 쉽게 드나들 수 있도록 가로식의 철창을 설치하자는 것이다. 이 때 철창의 간격은 15센티미터 이상은 되어야 한다. 이 정도 크기면 박쥐는 자유롭게 출입을 할 수 있지만 사람의 접근은 막을 수 있을 것이다.

한편 기존 방식인 철문에 의한 완전 폐쇄나 콘크리트에 의한 완전 밀폐 방법은 동굴 내부와 외부의 공기 흐름을 차단하고 기온의 차이를 크게 가져와 동굴의 계속적인 발달을 방해하게 될 것이다. 그러나 철창으로 입구를 봉쇄하면 자연 대류가 가능해져 박쥐 보호뿐만 아니라 동굴의 발달에도 도움을 줄 것이다. 특히 박쥐들이 새끼를 기르거나 겨울잠을 잘 때는 사람들의 출입을 엄격히 통제해야 할 것이다.

셋째, 동굴을 개발하더라도 자연 친화적인 방법을 사용하여야

· 동굴 입구에 설치한 철창의 모습

한다. 지금까지의 동굴 개발 사례들을 조사해 보면 철제 사다리와 안전 장치, 조명 시설 등 관광의 안전과 편의만을 도모하는 시설에 거의 치중해 있으며, 동굴에 서식하고 있던 생물들을 위한 배려는 전혀 이루어져 있지 않다. 하지만 이제부터라도 인간들이 발견하기 전부터 그 곳에 살고 있던 원래의 주인인 동굴생물들을 위한 배려가 필요하다. 예컨대 박쥐의 경우 출입구를 밀폐형 철제문 대신에 수평형 철창으로 설치하여 박쥐가 자유롭게 이동할 수 있도록 해주거나, 동굴 환경을 변화시키는 뜨거운 조명 시설 대신 차가운 냉광을 사용해야 할 것이다. 또 박쥐들이 주로 서식하고 있는 장소는 개발 코스에서 제외시키는 배려도 필요하겠다. 그리고 박쥐들이 사냥을 나가는 시간에는 입구에 사람들의 출입을 통제해야 하겠다.

환경부 지정 '멸종 위기종' 과 '보호종' 이란 무엇인가

환경부에서는 멸종 위기에 처한 야생 동식물 43종과 보호해야 할 야생 동식물 151종을 지정하여 무단 포획이나 채취 등을 금지하고 그들의 서식지를 보호하고 있다. 젖먹이 동물의 경우 붉은박쥐, 늑대, 여우, 표범, 호랑이, 수달, 바다사자, 반달가슴곰, 사향노루, 산양 등이 멸종 위기종으로 지정되어 있으며, 삵, 담비, 물개, 큰바다사자, 물범, 흰띠백이물범, 고리무늬물범, 하늘다람쥐 등은 보호종으로 지정되어 있다.

넷째, 박쥐의 무분별한 포획에 대한 단속과 계도가 필요하다. 우리 나라의 박쥐는 모두 모기와 나방 등을 먹이로 하기 때문에 우리들에게 도움이 되는 동물이다. 또 이러한 점은 차치하더라도 이들을 한약재로 쓸 경우 심각한 문제가 생길 수 있다. 환경오염으로 인해 이들 박쥐를 매개로 2차 오염을 유발할 수도 있기 때문이다. 이러한 점을 부각시켜 계도하고 아울러 야생동물 보존 차원에서 지속적인 단속이 필요할 것이다.

이상의 방법들은 지방자치단체나 각 관계 기관에서 의지만 있다면 쉽게 시행할 수 있는 것들이라고 생각한다. 그 중 박쥐집 달아주기 같은 것은 개인들도 각 가정에서 실행할 수 있는 것이며, 특히 국립공원이나 삼림욕장 등에서 설치한다면 학생들이나 탐방객들에게 생태 관광지로서의 역할을 할 수 있을 것이다.

36. 박쥐집은 어떻게 만들까

박쥐를 보호하기 위해서는 박쥐가 먹이를 먹고 안전하게 쉴 수 있는 훼손되지 않은 동굴이나 고목이 많은 울창한 숲이 있어야 한다. 그러나 우리 나라는 일제시대와 6.25 동란을 겪으면서 삼림이 황폐해져 큰 나무의 구멍에 서식하던 많은 종류의 박쥐들이 급격히 그 수가 줄어들어 멸종 위기에 처해 있다. 이렇게 삼림이 크게 훼손되고 주택 개량 등으로 박쥐들이 서식지가 급격히 감소된 경우에는 인공적으로 집을 달아주는 경우도 있다.

박쥐집 달아주기는 유럽에서 시작되어 미국, 일본까지 확산된 박쥐 보호의 적극적인 방법이다.

여기에서는 선진국에서 주로 제작한 모형과 필자가 한국에서 실험적으로 제작하였던 모형, 그리고 우리와 기후가 비슷한 영국과 일본에서 주로 사용하는 모형을 대상으로 박쥐집 만드는 방법을 간략하게 소개하고자 한다.

· 박쥐집 모형

박쥐집 제작시 유의 사항은 박쥐집은 새집과 달리 출입구가 아래쪽에 있어야 한다는 점이다. 또 박쥐들이 거꾸로 매달려 있을 수 있도록 박쥐집 내부에 박쥐들이 발을 걸 수 있는 철망을 만들어주어야 한다.

● 박 쥐 집 의 제 작 도 구

합판(두께 2센티미터 정도, 더 두꺼운 것도 좋다), 플라스틱 망이나 플라스틱 코팅된 철망, 톱, 나사못 또는 못, 드라이버, 드릴, 에나멜 페인트, 굵은 철사 등을 준비한다.

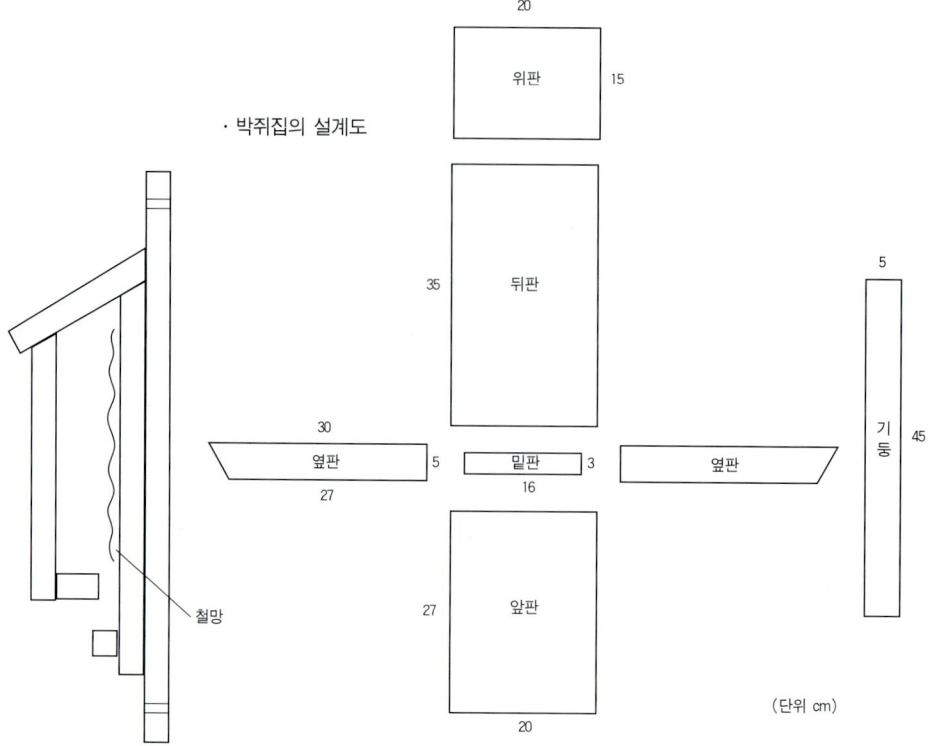

· 박쥐집의 설계도

● 박 쥐 집 의 제 작 순 서

① 앞의 설계도와 같이 합판을 절단한다.

② 뒤판 안쪽에 약간 작은 크기로 자른 철망을 붙인다.

③ 뒤판에 옆판을 붙이고 못이나 나사로 고정시킨다.

④ 옆판에 앞판을 붙이고 못이나 나사로 고정시킨다.

⑤ 밑판과 위판을 붙이고 나사로 고정시킨다(후에 손질 때 떼낼 수 있도록).

⑥ 제작이 끝난 박쥐집에 페인트칠을 한다.

⑦ 페인트가 마른 후에 한 번 더 두껍게 칠하여 방수가 잘 되도록 한다.

⑧ 완성된 박쥐집 뒤판에 기둥을 붙이고 나사로 고정시킨다(못으로는 떨어지기 쉽다).

● 박 쥐 집 의 설 치

　박쥐집은 새집과 마찬가지로 나뭇가지보다는 나무 몸체에 단단하게 설치하여 박쥐들이 비바람 등의 흔들림에 놀라지 않도록 하여야 할 것이다. 또한 지상에서 3~4미터 정도 높이에 설치하여 사람들이나 다른 들고양이, 족제비 등의 접근을 막을 수 있어야 할 것이다. 또 나무에 못을 박아서 박쥐집을 고정하기보다는 철사 등을 사용하여 고정하여서 나무의 생장에 지장을 주지 않아야 할 것이다. 그리고 너무 가까운 거리에 연이어 설치하는 것보다는 20~30미터 정도의 거리를 두고서 설치하는 것이 좋다.

　박쥐집을 많이 달아주는 것도 중요하지만 박쥐들이 계속 들어올 수 있도록 관리하는 것이 더욱 중요하다고 할 수 있다. 그리고

· 박쥐집 설치

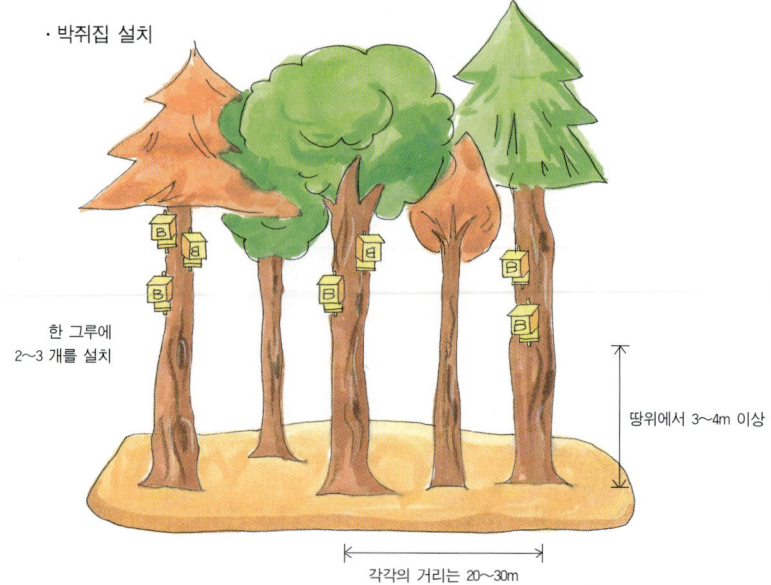

한 그루에
2~3 개를 설치

땅위에서 3~4m 이상

각각의 거리는 20~30m

박쥐집을 자주 청소해서 악취가 나지 않도록 하여야 하며, 어느 부위가 파손되어 비나 눈이 새는 일이 없도록 하여야 할 것이다. 또 1년 이상 설치하였어도 박쥐들이 들어오지 않을 때에는 박쥐집의 위치를 바꿔본다. 그리고 박쥐집의 청소와 관찰은 박쥐들이 먹이를 찾으러 나간 후나 박쥐들이 없는 겨울철에 하는 것이 좋다.

우리가 가장 염두에 두어야 할 것은 박쥐들이 주로 사는 큰 나무의 구멍이나 처마 밑은 겨울철에도 박쥐들이 살아갈 수 있는 온도이지만 인공적인 박쥐집은

박쥐탑이란?

옛날 서부개척 시대에 미국에서는 모기, 나방 등 농사에 해가 되는 곤충을 제거하기 위하여 박쥐탑을 만들었다고 한다. 그 지역을 개척하기 전에 먼저 박쥐들이 들어가 서식할 수 있는 거대한 인공 구조물인 박쥐탑을 만듦으로써 박쥐들의 번식을 촉진하여 자연적인 방법으로 해충을 제거한 것이다.

박쥐들이 겨울을 보내기에는 충분하지가 못하다는 점이다. 우리 나라는 다른 나라들과는 달리 사계절이 매우 뚜렷하여 여름은 아주 덥고 겨울은 아주 추운 특징이 있다. 따라서 외국에서 주로 사용되는 박쥐집들도 어느 정도의 효과는 있겠지만 우리 지형에 맞는 박쥐집을 개발하는 것이 앞으로의 과제일 것이다.

앞으로 '박쥐집 달아주기'가 대중화되어 개천이나 강가에서 모기나 나방 같은 벌레를 잡아먹는 박쥐들의 모습을 우리 후손들이 쉽게 볼 수 있었으면 하는 것이 필자의 바람이다.

37. 박쥐 관찰하기

야생동물이라 하면 우리는 흔히 '동물의 왕국'에서 보아왔던 사자나 치타 등을 주로 생각하게 된다. 그렇지 않다 하더라도 서울대공원 같은 동물원에서 보았던 거대한 코끼리나 하마 등을 생각하게 된다.

최근 우리 나라에서도 자연다큐멘터리 방송이나 생태기행이 많이 이루어지고 있다. 동물을 공부하는 학자로서는 매우 기쁜 일이 아닐 수 없다. 또 이러한 일들이 앞으로도 더욱 발전되어야 할 것이라 생각한다.

하지만 여기서 한 가지 주의해야 할 것은 진정한 생태기행이나 자연다큐멘터리는 대상 생물들에 대한 영향을 최소화하면서 이루어져야 한다는 것이다. 그러므로 아직까지 일반인들에게 많이 알려져 있지는 않지만 앞으로 많은 관심 있는 사람들이 나올 것에 대비하여 박쥐를 관찰할 때 주의해야 할 점들을 다음과 같이 정리해 보았다.

첫째, 박쥐를 무단 포획하거나 살생해서는 안 된다. 법적으로도 우리 나라의 모든 야생동물은 무단으로 포획, 절취할 수가 없다.

둘째, 붉은박쥐의 포획, 촬영, 관찰은 환경부의 사전 허가를 받아야 한다. 모든 박쥐의 촬영이나 포획을 허가받아야 하는 것은 아니지만 붉은박쥐의 경우 환경부 지정 멸종위기 동물로 지정되어 있으므로 촬영이나 포획시에는 환경부의 허가를 받아야만 한다. 그렇지 않을 경우 법적 제재를 받는다.

셋째, 우리 나라의 경우 7월 말이나 8월 초는 대부분의 박쥐들이 새끼를 낳아서 포육을 하는 시기이므로 이 기간에는 모든 박쥐들에 대해서 관찰을 삼가야 할 것이다. 박쥐들은 어미가 새끼를 가슴에 매달고 있으므로 어미에게서 떨어질 경우 죽는 경우가 종종 있다. 연구 목적이라 하더라도 번식, 포육기에는 박쥐가 서식하는 동굴의 출입은 최대한 자제해야 한다. 박쥐의 포육동굴이 훼손되면 번식과 포육에 실패할 위험이 매우 높기 때문이다.

또한 겨울잠 시기에도 박쥐들은 다른 활동기에 비해 위험 상황에 대한 저항 능력이 저하되어 있으므로 이 시기 동굴의 출입은 자제되어야 하며, 특별한 경우에도 신속하고 조용하게 탐사하여 박쥐들이 깨어나지 않도록 주의하여야 할 것이다. 특히 이 시기에는 박쥐들이 깨어나지 않도록 박쥐를 만지거나 전등을 비추어서는 안 된다.

넷째, 박쥐를 관찰할 때는 전등에 빨간색 필터를 부착, 빛을 감소시켜 휴식중인 박쥐에게 최대한 영향이 미치지 않도록 해야 한다. 생태 관찰 교육의 경우에도 교육자가 교육생들에게 주지시켜

생태계는 자연 상태에서 관찰하는 것이 가장 이상적이라는 것을
교육시킬 필요가 있다.

박쥐의 사진 촬영은 특히 많은 경험을 요하는데 신속한 동작과
정숙을 유지한다면 플래시의 사용은 괜찮을 수도 있다. 또 포육기
에는 어미들이 먹이를 찾아 동굴을 떠난 후에 동굴에 들어가 조사
를 하는 것이 가장 안전할 것이다.

텔레비전 등에서 박쥐를 촬영할 경우에도 고감도 카메라나 적
외선 카메라 같은 방송 기자재를 적극 활용하여 박쥐에게 미치는
영향을 최소화해야 한다. 방송은 많은 사람들에게 생태계에 대한
지식을 전달해 주므로 자연 보호를 일깨우는 데 가장 좋은 수단이
나, 그렇다 하더라도 촬영 대상에게 나쁜 영향을 주어서는 안 될
것이다. 그러므로 항상 전문가의 조언을 따라야 한다. 또 생태기
행의 경우에도 기존에 알려진 관광 동굴이나 인공 박쥐집에서 박
쥐들을 관찰하는 것이 박쥐들에게도 피해가 적고 관찰자들도 좀
더 오랜 시간 동안 자세히 관찰할 수가 있다. 필자의 관찰 결과 외
국과 마찬가지로 우리 나라의 일부 관광 동굴에서도 박쥐들이 서
식하는 것을 관찰할 수 있었다. 앞으로 관광 동굴에서도 환경을
개선하여 단지 종유석만을 관찰하는 관광지가 아니라 살아 숨쉬
는 생물체도 같이 관찰할 수 있는 공간으로 이끌어내야 하겠다.

38. 동굴 탐험을 위한 준비

우리들이 박쥐를 관찰하는 방법은 매우 다양하다. 첫째, 해
질 무렵 강가나 개천가에 나가면 박쥐들이 날아다니는

것을 볼 수가 있다. 우리 나라의 박쥐들은 해질 무렵에 먹이 사냥을 나가기 때문에 이 때가 박쥐들을 관찰하기에는 가장 좋은 시기일 것이다. 또한 이 때는 도심의 가로등에 모여드는 나방과 모기를 잡아먹기 위하여 날아다니는 박쥐들도 관찰할 수가 있다.

· 동굴에서 박쥐 조사를 하고 있는 모습.

두번째 방법으로는 정원이나 지붕에 박쥐집을 설치하여 박쥐들이 들어와 사는 것을 관찰하는 방법이다. 이것이 박쥐를 관찰하는 가장 좋은 방법이며, 박쥐들의 생태를 가장 가까이에서 자세히 볼 수 있는 방법일 것이다.

마지막으로 좀더 전문적인 지식과 장비가 필요한 방법으로 동굴에 들어가서 관찰하는 방법이 있다. 이 때에는 앞에서 언급한 관찰 원칙에 입각하여 최대한 짧은 시간에 조용하게 관찰을 끝내서 박쥐들의 생존에 영향이 없도록 하여야 할 것이다.

최근 동굴 탐험이 많이 이루어지고 있는데 특히 박쥐 관찰을 위한 동굴 탐험에 대해 알아보자.

동굴 탐험의 준비는 무엇보다도 마음의 준비와 복장의 준비가 먼저 이루어져야 하겠다. 다른 동물들을 관찰할 때도 마찬가지이겠지만 특히 동굴 탐사는 캄캄한 암흑 속에서 행동하기 때문에 더욱더 신중해야만 대형 사고를 미연에 막을 수가 있다.

마음의 준비는 무엇보다 관찰하고자 하는 대상에 대한 사랑의 마음일 것이다. 그리고 동굴에 들어가 박쥐들을 관찰할 때 그 박쥐의 관찰 위치(동굴의 입구, 중간, 끝)를 잘 기억하자. 그리고 박쥐가 어디에서(바위틈, 구멍, 절벽) 어떤 모습으로 있는가를 관찰하는 것도 매우 중요하다.

● 조 명 장 비

동굴 탐험에 있어서 조명은 필수불가결한 장비이다. 머리에 착용하는 랜턴을 사용해야만 두 손이 자유로워 동굴에서 더욱 안전하고 자유롭게 행동을 할 수 있다. 그러나 동굴 틈 속에 숨어 있는 박쥐들을 관찰하기 위해서는 손전등이 있어야만 더욱 정확하게 관찰할 수가 있다. 가정에서 사용하는 대형의 손전등이 전지의 수명도 길고 밝아서 좋다. 또 동굴은 그 길이가 알려져 있지 않은 것이 많고 어느 정도의 탐사 시간이 소요될지도 알 수가 없으므로 조명 장비는 항상

· 박쥐를 조사하기 위해서는 위험을 무릅쓰고 동굴에 들어가야 한다. 따라서 철저한 동굴 탐험 복장은 필수.

여유분으로 1개 정도는 더 가지고 들어가야 하며, 플래시의 고장에 대비하여 건전지와 전구도 여분을 소지하여야 한다.

● 복 장

동굴 속은 항상 온도가 10도 정도로 약간 추운 편이다. 그리고 기어다녀야 하므로 꼭 긴팔 옷과 긴 바지가 필요하다. 또 동굴에

는 바위가 많고 물이 많아서 운동화의 경우는 금방 해져 버리므로 튼튼한 신발을 준비하여야 한다. 등산화 같은 신발이 적당하겠다. 그러나 최근에 나와 있는 리지 전용 등산화의 경우 동굴 속의 진흙이나 물 속에서는 매우 미끄러우므로 착용을 금지하여야 할 것이다.

● 기 록 장 비

박쥐를 관찰하기 위해서는 관찰 일시나 관찰 위치, 박쥐의 상태 등을 기록할 수 있는 기록지와 필기구를 소지하여야 하겠다. 일반적인 탐사가 아닌 생태 조사의 경우 기록은 필수적이다.

● 배 낭

배낭에는 식수, 비상 식량, 여벌의 건전지, 랜턴, 여벌의 옷, 필기구 등을 담을 수 있어야 한다. 특히 동굴 속에는 물이 많이 있으므로 하나하나 비닐로 포장하여 물에 젖지 않도록 하여야 하겠다.

다음은 동굴 탐험가들 사이에 전해지는 유명한 문구로, 자연을 접하는 모든 사람들이 공유하였으면 하는 마음에서 여기에 실어 본다.

사진 이외에는 아무 것도 가져오지 말라!
시간 이외에는 아무 것도 죽이지 말라!
발자취 이외에는 아무 것도 남기지 말라!
사랑 이외에는 아무 것도 놓아두지 말라!

Take nothing but picture!

Kill nothing but time!

Leave nothing but footnote!

Put nothing but love!

39. 박쥐 기르기

최근 생활 수준의 향상과 핵가족화, 특히 맞벌이 부부가 늘어나면서 어린 자녀들을 위해 가정에서 애완동물을 기르는 경우가 늘고 있다.

예전에는 주로 금붕어, 잉어, 열대어, 앵무새, 구관조 등 사육이 편한 외국산의 애완동물을 많이 키웠다. 그러나 최근에는 우리 나라에서도 좀더 기르기 어렵고 진귀한 동물의 사육으로 그 폭이 확대되어 이구아나, 청거북 같은 동물의 사육이 매우 부편화되어 가고 있다. 이와 동시에 우리 것에 대한 사랑과 관심도 더욱 확대되어 우리 나라 민물고기의 경우 학생뿐만 아니라 일반인들도 많이 키우고 있으며, 최근에는 동호회까지 결성되어 활발한 활동을 하고 있다. 이렇게 애완동물 기르기에 대한 동호회도 생길 정도로 그 열기가 확산되는 것은 동물을 전공하고 있는 필자로서는 매우 기쁜 일이 아닐 수 없다.

우리 나라에서는 아직 대중화되지 않았지만 외국에서는 박쥐도 애완동물로서 인기가 높다. 야생동물을 가정에서 사육한다는 것이 그렇게 권장할 만한 사항은 아니겠지만 집안에 박쥐가 날아들거나 상처 입은 박쥐를 발견할 경우를 대비하여 필자의 경험을 바탕으로 가정에서 박쥐를 쉽게 기르고 보호할 수 있는 방법을 정리해 보았다.

원래 야생동물을 사육할 경우 많은 주의가 필요하다. 가축화된 동물의 경우에는 오랜 적응 과정을 거친 데다가 질병에 대해서도 많은 연구가 이루어져 있어 치료나 보호가 쉬운 편이며 최근에 애완동물화된 여러 동물들도 그 종들에 대한 생물학적·수의학적 연구가 많이 진행되고 있다. 그러나 박쥐에 대한 연구는 아직 미진한 단계라고 하겠다.

가까운 일본의 경우만 하더라도 일본산 박쥐 40여 종 가운데 30여 종이 멸종 위기종으로 지정되어 포획, 촬영 등이 엄격히 규제되고 있다. 앞으로 우리 나라에서도 박쥐에 대한 보호 규정이 마련되어야 할 것이다.

박쥐는 다른 젖먹이 동물들과 마찬가지로 머리가 영리하여 주인을 알아본다. 또 박쥐는 그 귀여운 얼굴이 정말 사육할수록 정감이 가는 동물이다. 우리 나라에 서식하는 종들 가운데 가정에서 사육하기에 적당한 종은 관코박쥐와 안주애기박쥐, 검은집박쥐가 무난할 듯하다. 특히 관코박쥐는 꼬리막이 두꺼워 추위와 더위에 대한 적응성이 뛰어나고 체구가 커서 인공 사료인 밀웜(meal worm, 거저리의 애벌레)을 아주 잘 받아먹는다. 또한 성질이 온순하고 주인을 알아보기도 한다.

· 거저리의 애벌레인 밀웜.

● 사육상자 만들기

사육상자는 폐냉장고를 이용하거나 어항을 개조하여 만들 수 있는데 내부에 철망을 설치하여 박쥐가 매달려 있을 수 있도록 하여야 할 것이다.

그리고 졸망박쥐와 집박쥐들의 경우는 틈을 좋아하는 성질이 있으므로, 사육상자 안에 작은 틈을 만들어주어 박쥐들이 들어갈 수 있도록 해주어야 한다. 또 사육상자 내부의 온도는 10도 전후로 해주고 습도는 80퍼센트 이상을 유지해 주어야 한다. 그리고 하루에 한 시간 정도는 비행을 할 수 있게 해주어 운동 부족과 영양분의 과다 섭취로 인한 비만을 예방해 주어야만 박쥐가 오래 살 수 있다.

● 먹이 주기

우리 나라 박쥐는 모든 종이 곤충을 잡아먹으므로 우리가 쉽게 채집할 수 있는 잠자리나 나방 등을 먹이로 주면 박쥐들이 날아다니면서 잡아먹는 것을 관찰할 수가 있다. 그러나 이러한 먹이의 채집이 여의치 않을 경우에는 밀웜을 사육해 먹이로 주면

먹이는 언제 주는 게 좋을까

박쥐에게 먹이를 주는 시간은 해가 진 후 주위가 어두워지기 시작할 때가 가장 적당하다. 자연 상태에서는 이 때가 박쥐들의 먹이 사냥 시간이기 때문이다. 먹이를 준 이후에는 박쥐가 2~3시간 정도 밖에 나와서 자유롭게 날아다니며 쉬고 운동할 수 있도록 해주어야 한다. 학자들에 의하면 3년 정도 사육할 경우 박쥐들이 자연사한다고 하는데 이것은 아마 운동 부족에 의한 비만과 성인병 때문이 아닌가 생각된다. 그리고 무엇보다 박쥐를 사육할 때 한 가지 우리가 꼭 잊지 말아야 할 것은 모든 애완동물은 정성과 애정을 가지고 세심하게 관찰하여 보살펴주어야 한다는 것이다.

좋다. 밀웜의 사육 방법은 다음과 같다. 밀겨에다 어미인 거저리를 넣고 섭씨 30도 정도로 따뜻하게 보관해 두면 알을 낳고 부화하여 애벌레들이 생겨서 매우 잘 자란다. 이 때 간혹 배춧잎이나

사과조각을 넣어주면 좋다.

사육한 밀웜을 박쥐에게 처음 먹일 경우에는 박쥐들이 잘 먹지 않으므로 사람이 직접 먹여주어야 한다. 우선 왼손에 두꺼운 면장갑을 끼고서 박쥐를 살며시 감싸 안는다. 이렇게 하면 박쥐가 입을 벌리게 되는데 이 때 오른손 새끼손가락에 물을 묻혀서 입에 대주면 잘 받아먹는다. 사육할 경우 박쥐들은 목이 마를 경우가 많기 때문이다. 일단 박쥐가 입을 벌리게 되면 밀웜을 반으로 찢어서 그 체액을 맛보게 해준다. 그러면 그 이후에는 아주 잘 받아먹게 된다.

· 박쥐가 밀웜을
받아 먹고 있다.

박쥐의 종류에 따라 먹이를 먹는 양이 크게 차이가 난다. 졸망박쥐나 관박쥐의 경우는 한 번에 약 20여 마리의 밀웜을 먹는다. 반면에 윗수염박쥐나 집박쥐는 입이 작아서 한 마리를 먹기에도 무척 힘이 들지만 한 마리를 반으로 나누어 주면 잘 먹는다. 박쥐가 어느 정도 자신의 양만큼 먹어 배가 부르면 먹이를 더 주어도 체액만 빨아먹고 껍질은 씹어서 뱉어낸다.

처음에는 박쥐를 손으로 잡고 먹이를 한 마리씩 직접 먹여주어야 하지만 1주일 정도 지나 사육장 바닥이나 손바닥에 여러 마리의 먹이를 내려놓으면 박쥐들이 날아와 스스로 먹이를 먹게 된다. 여기서 한 가지 유의하여야 할 점은 관박쥐의 경우 땅위에서 날개로 기어다니는 것이 부자연스럽기 때문에 바닥에 내려놓은 먹이를 스스로 주워먹을 수 없다. 그래서 관박쥐는 계속해서 먹이를 직접 박쥐의 입에 넣어주거나 사육장 전체에 철망을 설치하여 박쥐가 철망에 매달린 채로 먹이를 먹을 수 있도록 해주어야 한다.

찾아보기

찾아보기

우리가 빌려온 자연, 이제는 돌려줘야 할 때입니다

자연사박물관이란 자연 속에 있는 식물·동물·광물·화석 등의 표본을 수집, 보존, 전시함으로써 현존 생물의 다양성을 이해하고 미래의 과학자적 정신을 갖도록 하며 자연과학에 대한 관심을 높일 수 있는 좋은 장소입니다. 또한 자연보존을 위한 천연보호지구 설정, 멸종생물의 파악과 회복, 국가 자연자원의 보호 그리고 갖가지 야생생물의 유지와 환경변화 탐지 등 생태계의 유지와 활용에 기여할 수 있는 일을 하는 곳이기도 합니다.

종이 위에 세워보는 자연사박물관

지성자연사박물관은 국립자연사박물관 하나 없는 이땅의 척박한 자연생태보존 풍토를 걱정하는 마음에서 출발합니다. 미래를 준비하는 모든 이들에게 자연에 대한 올바른 이해와 사랑을 불어넣어 주고 싶은 지성사의 꿈이 담겨 있는 시리즈입니다. 그래야만이 진정한 과학정신이 싹틀 수 있다는 믿음 때문입니다.

21세기를 맞아 우리도 미국의 스미스소니언 자연사박물관 같은 것 하나쯤은 가져봅시다. 세계 어디에 내놓아도 부끄럽지 않을 우리만의 자연사박물관! 그것은 결코 꿈으로만 그치지는 않을 것입니다. 그 첫발을 종이 위에 먼저 이렇게 내디뎌봅니다.

국립자연사박물관 건립에 지성사가 작은 힘이 되기를 바랍니다.

    지성자연사박물관 ❶ 뱀

    지성자연사박물관 ❷ 상어

    지성자연사박물관 ❸ 박쥐

    지성자연사박물관 ❹ 버섯 (근간)

    지성자연사박물관 ❺ 복어 (출간 예정)

※ 지성자연사박물관 시리즈는 계속 출간됩니다.

좋은 원고를 기다립니다

도서출판 지성사는 좋은 원고를 기다리고 있습니다. 이 땅의 생물 다양성 보존을 위해 지금도 홀로 들판에서 또는 외로운 연구실에서 밤을 밝히는 필자분들이 계신다면 연락 주십시오. 아울러 독자 여러분들의 애정 어린 관심을 부탁드립니다. 저희는 여러분들의 의견을 늘 귀담아 듣고자 합니다.

인체기행 (개정증보판)

우리 몸 안의 놀라운 현상을 풀이한 과학계의 숨은 베스트셀러. '사람의 눈알은 무게 7g, 부피 6.5cc, 지름 2.4cm로 동그란 탁구공만하다' '어금니의 이뿌리는 2~3개이며 어금니 하나가 50kg의 무게를 지탱하는 힘이 있다' '인간의 몸에 분포되어 있는 13만km의 혈관에 피를 뿜어내는 힘이 있다' 이 외에도 우리 인체 내의 상상을 초월하는 일들이 소개되어 있다.

• 권오길 지음/344쪽/값 9,000원

바다는 왜?

이 책은 바다에서 일어나는 수많은 현상들의 비밀을 파헤치고 있다. 밀물과 썰물, 해류와 태풍, 날씨, 바닷속에 가라앉은 보물들, 첩보전을 방불케 하는 잠수함 이야기……. 알면 알수록 재미있는 바닷속 이야기와 비밀들! 그 꼭꼭 숨겨진 보물찾기에 나서보자.

• 장순근 · 김웅서 지음/전면컬러/160쪽/값 9,000원

생명공학이란 무엇인가, 그 약속과 실제

이 책은 독자들에게 생명공학이란 무엇이고 우리 모두에게 어떤 의미를 함축하는지를 알기 쉽게 풀어간다. 의학, 농업, 환경, 광업, 에너지 생산, 해양 농업, 임업, 윤리 등 생명공학의 전반적인 문제들을 총체적으로 다루고 있어 특히 미래의 과학을 이끌어갈 청소년들에게 생명공학의 현주소를 이해하고 균형잡힌 시각을 갖게 해줄 좋은 안내자가 될 것이다.

• 에릭 그레이스 지음/싸이제닉 생명공학연구소 옮김/240쪽/값 8,000원

신갈나무 투쟁기

새로운 숲의 주인공을 통해 본 식물이야기. 이 책은 우리나라 숲의 주인공으로 자리잡아 가고 있는 신갈나무의 탄생과 성장, 그리고 죽음에 이르기까지 한 나무의 일대기를 바탕으로 하여 식물 전반에 대한 이해를 돕고자 출간되었다. 기본적인 식물학 개론서의 역할은 물론이고 한 편의 소설을 읽는 감동마저 더해준다.

• 차윤정 · 전승훈 지음/전면컬러/256쪽/값 15,000원
• 과학기술부 선정 제1회 우수과학도서

강태공을 위한 낚시물고기 도감

낚시인들의 필수품! 이 책에는 낚시에 잡히는 물고기 200여 종의 생생한 컬러사진과 함께 그 생태가 설명되고 있다. 또한 누구나 자기가 잡은 물고기의 이름을 쉽게 찾을 수 있도록 검색표를 수록하였으며 잉어, 쏘가리, 돔류를 비롯한 재미있는 물고기 이야기도 담겨 있다. 전문 어류학자의 지식을 빌어 이제 낚시도 알고 즐기자!

• 최윤 · 이완옥 · 이태원 · 김지현 지음/전면컬러/320쪽/값 23,000원

하늘을 나는 달팽이

이 책의 부제는 '생물의 모음살이'. 사람과 사람, 사람과 자연이 서로 뗄 수 없이 얽혀서 더불어 살아가는 상생(相生)의 중요성과 고마움을 느껴야 한다는 뜻이다. 과학 대중화의 기수 권오길 교수의 구수한 입담이 생명체의 다양한 생활방식을 알기 쉽게 풀어간다.

• 권오길 지음/304쪽/값 8,500원

생명체 탐구의 즐거움

평생을 곤충과 함께 살아온 老교수의 자전적 과학에세이. 1950~60년대에 창궐하던 송충이를 퇴치하던 일부터 솔잎혹파리 구제 등 흥미진진한 해충과의 싸움, 영국 유학시절 이야기, 곤충을 연구하면서 느낀 생명활동의 경이로움 등 자신의 삶과 연구를 되돌아 보면서 생명체 탐구의 즐거움을 이야기하고 있다.

• 김창환 지음/232쪽/값 9,000원

인간은 환경에 어떻게 적응하는가

환경이 변할 때 인체에서는 어떤 일이 벌어질까? 환경생리학이라는 조금은 낯선 학문 분야를 실생활의 예를 들어 쉽게 설명한 국내 최초의 입문서. 축구 선수외 얼음물 자전, 냉장고 다이어트, 무중력에서 즐길 스포츠를 개발하자, 나치의 추위 실험 등등.

• 이대택 지음/232쪽/값 8,000원 • 간행물윤리위원회 추천도서

바다를 건너는 달팽이

이 책의 부제는 '생물의 살림살이'. '죽지 말고 살자' '죽이지 말고 살리자' 는 뜻이다. 눈이나 더듬이가 아니라 꼬리털로 적을 감지하는 바퀴벌레, 내장을 터뜨려 독을 내뿜으며 적에 대항하는 해삼, 꽃이 피는 동안 46도까지 열을 내는 식물 등 강자와 약자가 절묘한 조화를 이루며 생태계를 유지해 가는 생물의 신비를 벗겨낸다.

• 권오길 지음/272쪽/값 8,000원

• 중앙일보 '98 좋은책 100선, 언노련 '98 올해의 좋은책 30선, 과학문화재단 추천도서

봉화에서 텔레파시통신까지

우리 선조들은 어떻게 정보를 전달했으며 어떻게 보관했을까? 반도체 강국으로 발돋움한 우리의 저력이 6m가 넘는 거대한 바위에 1,802자나 새긴 광개토대왕비에서 비롯됐다면 지나친 과장일까? 자칫 딱딱해지기 쉬운 정보통신이란 소재를 재미난 역사이야기로 풀어냈다.

• 진용옥 지음/424쪽/값 9,800원 • '97 문화체육부 우수학술도서

생물의 다살이

저자가 들려주는 '생물의 다살이'에 얽힌 얘기는 실로 오묘하다. 18m나 되는 오징어의 생존 전략, 새끼를 위 속에 넣어 키우는 위개구리의 모성애, 무더위가 계속되면 땅속에서 2년 동안 아무것도 먹지 않고 버티는 사막의 개구리 등. 수많은 식물과 동물, 곤충이 끈끈한 연으로 만나 어울려 사는 생태계가 인간세상과 별반 다르지 않음을 이야기해 준다.

• 권오길 지음/304쪽/값 8,500원 • 과학문화재단 · 간행물윤리위원회 추천도서

생물의 죽살이

이 책은 전문적인 생물학 서적보다 쉽고 재미있고, 슬렁슬렁 읽어내리는 에세이보다 알차고 전문적이다. 박학한 지식으로 각종 속담과 고사성어를 동원해 가며 '생물의 죽살이'를 인간의 삶과 비유해 놓은 점이 빛난다. 구수하고 걸쭉한 입담을 풀어내는가 하면, 감성이 풍부한 시적인 문체도 돋보인다.

• 권오길 지음/280쪽/값 7,500원 • 과학문화재단 추천도서

39가지 과학충격

우리가 알고 있는 과학적 상식들은 얼마나 신빙성이 있는 것일까. 이 책은 우리가 잘못 알고 있는 지식을 바로잡고, 무심코 넘겼던 신기한 일들을 과학적으로 명쾌하게 설명한다.

• 김준민 지음/224쪽/값 5,000원 • 간행물윤리위원회 추천도서

접촉

동물적인, 너무나 인간적인 사람의 친밀행동에 관한 보고서. 인간은 왜 다른 인간에게 접촉하려고 하는가. 이 책은 인간의 성을 동물학적 차원에서 검토한 인간행동 관찰서이며 청소년들의 올바른 성교육을 위한 지침서이다.

• 데스몬드 모리스 지음/박성규 옮김/368쪽/값 7,500원

꿈꾸는 달팽이

일상에서 출발한 생물학적 해석이 돋보이는 책. 생물학에 접근하는 저자의 시각이 독특하다. 예를 들어 보수와 진보의 문제를 생물학적인 관점에서 관찰한다든지 먹이사슬을 통해서 생태계에 대한 설명뿐만 아니라 사람살이의 이치를 따진다.

• 권오길 지음/312쪽/값 7,500원

열려라! 곤충나라 생명을 사랑하는 어린이문고 ❶
• 김정환 지음/전면컬러/176쪽/값 9,800원
• 과학기술부 선정 제1회 우수과학도서

열려라! 거미나라 생명을 사랑하는 어린이문고 ❷
• 임문순 · 김승태 지음/전면컬러/184쪽/값 9,800원
• 과학기술부 선정 제2회 우수과학도서